DISSERTATION

SUR

LA MÉTEOROLOGIE

ET

SUR L'OPTIQUE.

DISSERTATION

SUR LA

MÉTÉOROLOGIE

ET SUR

L'OPTIQUE,

PAR URBAIN ORIOL,

DE SAINT-SAUVEUR (LOIRE).

PARIS,

TYPOGRAPHIE DE FIRMIN DIDOT FRÈRES,

IMPRIMEURS DE L'INSTITUT DE FRANCE,

RUE JACOB, N° 56.

1842.

DISSERTATION

SUR

LA MÉTÉOROLOGIE

ET

SUR L'OPTIQUE.

CHAPITRE PREMIER.

—

LE BALANCEMENT DES POLES.

Suivant Ptolomée on a cru longtemps que la terre était au centre de l'univers, tandis que le soleil, la lune et les étoiles suivaient leur cours autour de nous en tributaires. Ce système flatteur a subsisté jusqu'à Galilée, qui nous a appris que la terre tournait sur son axe. On menaça d'un châtiment le téméraire qui privait la terre de sa plus grande gloire; mais comme, dans l'ancien système, la distance de notre globe à ceux de l'empyrée les obligeait à parcourir en 24 heures des centaines de millions de lieues, la raison a fait adopter celui de Galilée.

Le mouvement de la terre est donc généralement reconnu parce qu'il résulte de la nécessité.

La terre placée sur son axe devant l'astre du jour, comme en balance, élève et abaisse tour à tour ses pôles.

Deux corps de même nature et de la même forme, qui partiraient ensemble des hauteurs de l'espace, n'arriveraient pas en même temps sur la terre s'ils différaient de poids. L'air supérieur aurait plus d'action sur le plus pesant, parce que, pour avoir cette qualité, ce corps devrait être moins poreux que l'autre, ou offrir une plus grande étendue. Celui-là arriverait donc le premier. Indépendamment de l'attraction de gravité, ils se dirigeraient vers la terre, parce que tous les corps pressés par la masse supérieure de l'atmosphère se rendent vers l'espace de l'air le plus raréfié, qui n'oppose qu'une faible résistance. Or, comme les rayons du soleil sont réfléchis à la surface de la terre, l'air y est plus dilaté que dans les régions supérieures, et un corps placé dans l'espace se trouve ainsi entre une masse d'air condensée et une autre raréfiée beaucoup moins considérable, ce qui détermine sa chute avec rapidité.

Il est de même évident qu'un globe terrestre, se dirigeant vers le soleil, trouverait l'espace plus dilaté à mesure qu'il s'approcherait de cet astre, et que, s'ils étaient deux, le plus pesant y arriverait le premier.

C'est cette loi qui cause le balancement des pôles. Lorsque le pôle austral s'élève vers le soleil ses neiges et ses glaces se fondent, tandis que l'hiver en couvre le pôle boréal. Celui-ci, l'emportant alors par sa pesanteur, se présente à son tour vers le soleil, où l'air est toujours plus dilaté. Il en résulte ce mouvement alternatif qui nous amène les diverses saisons, et que le cours des siècles n'a pas interrompu. Ainsi les années se succèdent avec la plus grande précision. On peut s'étonner que ce balancement puisse être causé par quelques pieds de neiges et de glaces, qui semblent si légères sur la masse de la terre; mais il faut considérer que, dans les bassins d'une balance, un poids léger suffit pour faire cesser l'équilibre.

CHAPITRE II.

LE CRÉPUSCULE.

Lorsque le pôle boréal est élevé vers le soleil, le jour y règne sans partage avec la nuit, et le pôle austral est plongé dans les ténèbres. Si pendant l'été les jours et le crépuscule sont plus longs à Paris que dans les pays méridionaux, c'est encore par un effet de la cause qui a banni la nuit du pôle boréal.

Sous l'équateur, la terre présente constamment au soleil 4,000 myriamètres (9,000 lieues de tour); mais, par la forme sphérique du globe, cette circonférence diminue à mesure que l'on approche des pôles. Ainsi la partie du nord dont la circonférence est, pendant l'élévation du pôle boréal, de 2,800 myriamètres, n'a que cette étendue à parcourir en 24 heures, tandis que sous la ligne la terre en parcourt 4,000 dans le même temps. Les habitants des contrées méridionales, arrivés à la fin du jour, sont donc emportés dans la nuit beaucoup plus rapidement que les habitants du nord. Par conséquent le crépuscule y dure peu, et la nuit y est plus longue.

Les habitants du nord, placés sur la partie de la terre dont la circonférence est moins grande, et qui, en conséquence, tourne avec plus de lenteur, arrivent au contraire moins rapidement à la nuit. Cette cause leur donne un jour plus long, et le crépuscule y dure plus longtemps.

Dans le chapitre XIIIe, on verra que la lumière du jour s'étend au loin, même après le départ des rayons solaires. C'est elle qui forme le crépuscule; et l'extension dont elle jouit nous apprend qu'elle n'a pas besoin d'être réfléchie par l'air pour opérer ce phénomène.

CHAPITRE III.

—

LE FLUX ET REFLUX DE LA MER.

Les physiciens ont attribué avec raison le balancement des eaux de la mer au mouvement de la terre. Celle-ci tournant d'occident en orient, les ondulations de la mer s'étendent du nord au midi, ainsi que l'a observé M. de Chateaubriand dans son *Génie du christianisme;* ce fait reconnu suffit pour prouver le mouvement de la terre, et qu'il en est le résultat.

Le flux et reflux est un autre phénomène de la mer, et quoiqu'il forme un ordre particulier, il me semble que Newton a été dans l'erreur en l'attribuant à l'attraction du soleil et de la lune, parce que la rotation de la terre peut le causer également : les eaux ne forment pas adhérence avec le corps sur lequel elles reposent; et, si elles sont dans un bassin remué légèrement, elles se portent alternativement vers ses bords en s'élevant pour les franchir. Cette expérience nous fait voir la mobilité des eaux, et il est évident que les marées n'ont pas d'autre cause. Ce phénomène se montre deux fois par jour, parce que le mouvement de la mer est plus rapide que celui du corps terrestre, et qu'elle franchirait ses limites sans le lit profond où elle est placée, et sans la masse d'air qui, en pesant sur elle, comprime son essor.

Les mers peu considérables n'ont point de flux et reflux, parce qu'il ne peut avoir lieu qu'à la faveur d'une grande masse d'eau.

Si les eaux de la mer sont plus hautes lors de la pleine lune, c'est parce que, les rayons du soleil étant réfléchis par ce globe, nous avons un surcroît de chaleur, par conséquent une plus grande dilatation dans les eaux comme dans l'espace. Ainsi les rayons réfléchis par la lune ne perdent pas toute leur essence calorifique. La chaleur est presque toujours dans la lumière en raison de l'intensité de celle-ci, et quoique ce fluide dépose du calorique dans les corps qu'il éclaire, l'effusion n'en peut être assez considérable pour altérer sensiblement la proportion qui règne entre eux avant leur contact avec les corps liquides ou matériels.

La lune est un corps terrestre, avec des mers et des continents; lorsqu'elle présente la partie des mers elle nous réfléchit les rayons du soleil. On a remarqué un mouvement dans ces rayons, parce que les mers y ont sans doute un balancement comme les nôtres.

CHAPITRE IV.

—

LE COURS DES EAUX VERS LA MER.

Le milieu du diamètre de la terre en est appelé le *centre de gravité*, et ce centre est aussi celui de notre atmosphère. Les mers occupent les parties basses, qui sont les plus voisines de ce centre; et les eaux courantes s'y dirigent constamment, entraînées par la pression de l'atmosphère, qui s'exerce de tous les points de sa circonférence vis-à-vis le centre. Si la terre était traversée par une ouverture, avec une cavité suffisante au milieu, toute la masse des eaux s'y rendrait, et n'en pourrait sortir que par l'évaporation, à moins qu'une moitié de l'ouverture ne fût plus grande que l'autre. Dans ce cas, les eaux remonteraient par le côté le plus resserré, comme l'eau qui s'élève dans une pompe au-dessus de celle du bassin, à cause de la pression de l'air.

C'est cette pression de l'atmosphère, plus que l'attraction de gravité, qui ramène sur la terre les corps lancés dans l'espace: un char mis en li-

berté sur un chemin en pente, descend rapidement; mais si la terre exerçait une attraction
plus puissante que la pression atmosphérique,
le char resterait immobile, quelle que fût la rapidité de la pente.

CHAPITRE V.

L'ASCENSION DES VAPEURS.

Ce sont les rayons solaires, le feu répandu dans l'espace, et le mouvement des airs qui enlèvent des molécules aux eaux. Ils les transforment en vapeurs ; et le calorique, par son mouvement d'ascension, les élève et les maintient sur l'horizon. La densité de l'air n'arrête pas l'essor du calorique remontant vers sa source ; mais les vapeurs, quelle que soit leur ténuité, forment un corps matériel, et l'air suffisamment resserré ne leur permet pas de s'élever dans les régions supérieures.

Lorsque le calorique s'éloigne de la région des nuées et de l'atmosphère inférieure, l'attraction des eaux a plus de pouvoir sur elles ; et les airs, exerçant en outre leur pression, tendent aussi à les abaisser vers la terre. C'est ce qui fait que le matin on voit souvent les brouillards sur les fleuves ; et ils y restent ordinairement jusqu'au retour de la chaleur.

CHAPITRE VI.

—

LA PLUIE.

Les eaux de la mer ont reçu du sel en abondance, et cela contribue sans doute à leur donner la couleur d'azur qui les distingue. Lorsqu'elles s'élèvent dans les airs en fluide aériforme,
le sel reste dans la mer, et les vapeurs durcies
par l'air atmosphérique prennent une couleur
blanche, comme on le voit par la neige et par
la grêle. Si l'eau de pluie n'a pas la blancheur,
c'est à cause de sa transparence, qui reçoit une
teinte azurée de son alliance avec les couleurs de l'air et de la lumière. Les eaux filtrées
sont encore plus transparentes, et leur couleur
première devient par conséquent encore moins
sensible.

Plus il y a de calorique dans les eaux, plus les
vapeurs qu'il enlève sont divisées et ténues ; par-
venues vers les hauteurs de l'espace, elles s'y
congèlent en quelque sorte, car il n'est pas besoin d'un grand froid pour les durcir, et il n'y
a que la dilatation qui puisse les amollir et les

rendre fluides, comme parmi nous il n'y a que la chaleur qui puisse fondre la glace. Tant qu'elles sont en état de congélation, pour peu qu'il y ait de calorique et de mouvement dans les airs, elles s'y soutiennent par leur légèreté ; mais leur abondance les met nécessairement en contact, et dès qu'elles sont rendues à la fluidité, leur réunion s'opérant facilement, elles retombent en pluie. Lorsqu'une forte dilatation s'étend sur une masse épaisse de nuées, la pluie est toujours abondante, et le tonnerre, en ébranlant les airs, est souvent le signal d'une averse que l'on ne voit pas sous des nuées paisibles.

La neige est également due à la dilatation, car elle ne tombe jamais abondamment que lorsque la température est devenue plus douce.

CHAPITRE VII.

LA ROSÉE.

La plus grande partie des nuées est formée par les vapeurs enlevées à la mer, mais la rosée est due aux eaux de la terre. Celles-ci subissent la filtration, et les vapeurs qui s'en exhalent, se dégageant encore de toutes les molécules terrestres, la rosée qu'elles produisent se trouve cristallisée. Les vapeurs enlevées aux eaux de la terre pendant le jour, peuvent parvenir jusqu'aux nuages, mais il paraît que celles qui forment la rosée n'ont été enlevées que le soir. Le calorique qui les enlevait, étant alors moins considérable, les abandonne au-dessous de la région des nuées. Une partie de ces vapeurs redescend quelquefois, aux approches de la nuit, en une pluie légère, presque invisible, que l'on désigne sous le nom de *serein*; et le surplus, se trouvant durci par le refroidissement de l'atmosphère, reste dans cette région jusqu'au matin, où le retour des rayons du soleil vient les rendre fluides. L'air n'ayant pas assez de calorique pour les élever de nouveau, elles se réunissent et retombent sur la terre, où elles forment des gouttes de la plus belle transparence. La rosée se montre principalement sur la feuille des plantes, dont la forme et l'humidité la protégent contre l'action de l'air et de la chaleur. Elle ne paraît pas s'il y a eu des nuages le jour précédent, parce qu'alors le calorique n'a pu enlever suffisamment de vapeurs pour la former.

CHAPITRE VIII.

—

LA GRÊLE.

Quoique par les lois physiques la terre puisse produire tout ce qu'elle nous donne, elle n'a pas été destinée à suivre son cours sans la présence de la puissance céleste. Les vapeurs enlevées par la chaleur doivent nécessairement retomber la plus grande partie en pluie; cependant il est manifeste que la Providence en dispose, et qu'elle forme elle-même la grêle. Sa blancheur fait penser qu'elle est produite par la réunion de vapeurs congelées avec d'autres converties en liquide, phénomène que le froid et un peu de dilatation peuvent seuls opérer. Si elle était uniquement formée par la pluie, sa couleur ressemblerait presque à celle de la glace, et elle en aurait la transparence. Suivant l'ordre naturel, les grêlons doivent s'échapper des nuées dès qu'ils ont seulement la pesanteur d'une forte goutte de pluie; aucune puissance physique ne peut retarder leur chute en les soutenant en l'air, puisqu'un corps de ce poids

2.

cède à la pression de l'atmosphère, comme à
l'attraction de gravité de la terre; et quelque
prompte que soit la congélation dans les régions
qu'ils ont à traverser, ils ne peuvent acquérir
un fort volume, parce que le froissement de
l'air, et même leur choc mutuel dans une chute
aussi précipitée, ne peuvent que diminuer leur
grosseur. Ainsi les fortes grêles sont évidemment
un châtiment de la puissance céleste. C'est en
vain qu'on les a attribuées à l'électricité produite
par deux nuages superposés, poursuivant leur
course en sens contraire; les vapeurs ne sont
pas un corps assez compacte pour s'électriser;
d'ailleurs, s'il en résultait un fluide électrique, il
est de la nature du feu, et par conséquent op-
posé à la congélation.

Lorsqu'un orage désastreux se prépare, tout
porte l'empreinte d'un événement qui n'est point
dans l'ordre de la nature : le calorique s'abaisse
sur la terre, et répand une chaleur extraordinaire. C'est sans doute le moment où se façonne
la grêle qui doit l'accompagner. Les nuées,
d'une couleur lugubre, s'entassent en montagnes avec vigueur, comme par l'effet d'une force
intestine; elles paraissent animées d'un courroux menaçant, et de cette tourmente qui annonce toujours les ravages; alors la terre exhale
une odeur qui répand l'épouvante. Cependant
les airs sont en repos autour de nous, tandis

que les nuées se roulent sur elles-mêmes tumultueusement ; mais déjà leurs flancs, qui recèlent
la dévastation, n'attendent plus pour la répandre
que le signal du pouvoir souverain qui commande aux éléments ; la Providence veut bien
encore nous avertir de leur approche : un vent
précurseur arrive en soulevant l'arène avec violence ; c'en est fait, la tempête s'est élancée sur
ses ailes rapides ; l'espace en a tremblé, et la
foudre accompagne sa course avec les éclats de
la fureur ; les airs sont remplis d'un bruit sourd
et tumultueux, et bientôt les champs accablés
par la grêle meurtrière, et sillonnés profon-
dément par les torrents dévastateurs, ne présentent plus que le spectacle de la désolation.

La Providence surveille les humains : s'ils
remplissaient tous le destin qui leur est imposé
par l'Éternel, en vivant religieusement, il n'est
pas douteux que les récoltes les plus abon-
dantes ne fussent assurées ; la terre serait le séjour de la paix comme du bonheur, et elle joui-
rait d'une température plus douce et moins
variable ; mais la puissance chargée de répandre
les bienfaits nous inflige les châtiments lorsque
la terre est humiliée par des œuvres criminelles.

La puissance céleste nous avertit assez souvent
de sa présence par des phénomènes visiblement
hors des lois de la nature : la trombe sur les
eaux, l'ouragan sur la terre, et un grand nombre

de météores sont son ouvrage. Je n'ai jamais vu tomber des pierres de l'atmosphère, et si je le voyais je ne demanderais pas par quelles lois physiques, parce qu'il n'y en pas. Il en est de même pour bien d'autres phénomènes dont les éléments sont les agents. Un seul prodige attestant la présence de la puissance céleste parmi nous devrait nous rendre plus circonspects dans l'explication de ceux qui confondent la raison. Heureux ceux qui marchent à la douce lumière de la religion, parce qu'elle porte avec elle une clarté qui forme le jugement et le dirige; ils se gardent bien de faire abstraction de la présence des envoyés du ciel dans les événements de la nature; ils méditent les œuvres du Très-Haut, et la Providence ne les avertit pas en vain.

CHAPITRE IX.

—

L'AIR.

L'air est cet élément qui remplit les champs de la création, sans qu'on puisse dire où finit son étendue; il en a chassé le vide incompatible avec la vie de tous les êtres, et les globes les plus vastes ne sont qu'un point dans son sein. Il est raréfié à la surface des corps opaques, et comprimé vers les hautes régions. Les exhalaisons de la terre et les vapeurs altèrent plus ou moins son essence près de nous, mais il la conserve pure dans l'espace condensé où elles ne peuvent s'élever.

L'air se condense autour de nous lorsque l'ange du Très-Haut appelle ailleurs le calorique que le dilatait. Tous les éléments ont des ailes rapides à sa voix. Voilà pourquoi la température nous fait ressentir parfois des changements subits. Ce fluide se condense encore lorsqu'une masse d'air refroidie vient se mêler à celui que nous avons. Cette masse nouvelle absorbe sa chaleur, et le rend plus épais, plus froid, en conséquence plus pesant.

L'air se faisant partout équilibre à lui-même ne pèse sur nous que par sa pression; c'est ce qui fait que nous ne nous apercevons pas de sa pesanteur.

L'air n'a point de calorique par essence, et s'il enlève quelques parcelles aux corps liquides ou opaques, ce n'est que par son mouvement, et à la faveur de la dilatation; car lors même qu'il agite la surface des eaux, l'évaporation n'est jamais bien forte sous une froide température. Lorsque l'air a perdu le calorique qu'il renfermait, celui qui était descendu dans les eaux, qui les maintenait en état de liquidité par l'extension donnée à leurs molécules, et qui contribuait principalement à leur évaporation, s'échappe avec rapidité. Alors l'air a plus de pouvoir sur elles; il les resserre et les transforme en corps solide, dont l'agrégation est forte en raison de la puissance qui le comprime.

La dilatation de l'air et des eaux est le résultat de la présence du feu, qui leur donne toujours plus d'extension. Lorsqu'il arrive en abondance à la fin de l'hiver, il pénètre la glace, et la fait souvent éclater avec bruit, parce que l'air, qui était resté captif et condensé dans son intérieur, se dilate plus rapidement que la glace, et cause ainsi ses violentes ruptures. Une chaleur subite dilate l'air avec une grande rapidité : lorsque la poudre s'enflamme dans un canon, l'air s'élance au dehors avec fracas, parce que l'intérieur n'est plus suffisant pour contenir le volume que cette extrême dilatation vient de lui donner. La flamme qui s'éveille subitement forme aussi un corps assez intense et volumineux pour repousser avec éclat la matière et l'air qui arrêtent son essor.

Mais l'air paraît être le principal agent qui fait mouvoir les pièces d'un feu d'artifice. Dans la fusée, par exemple, le feu embrase successivement la poudre, et l'air en dilatation ne trouvant pas une trop grande résistance du côté embrasé s'en échappe assez facilement, tandis qu'il opère une vive percussion de l'autre côté qui n'offre pas d'issue. C'est pourquoi la fusée suit toujours le mouvement donné par la percussion, et qu'elle s'élève lorsque la partie allumée est tournée vers la terre. La vapeur qui naît dans la fusée semblerait bien contribuer à son enlèvement, mais plus elle est épaisse moins elle est capable de la percussion rapide qu'opère un air subitement dilaté ; elle pourrait cependant exercer une action puissante en sortant de la fusée, mais celle de l'air la devance certainement. Au chapitre xve on verra que la flamme tient par agrégation au feu du corps qui la fournit, et que cette agrégation serait assez forte pour entraîner la fusée dans la direction de la flamme dont le mouvement est toujours en avant, si l'action de l'air intérieur, qui lui est opposée, avait moins de pouvoir. L'essor de la flamme se dirige au dehors avec une effervescence impétueuse que l'air intérieur accroît encore, et puisque la flamme tient par agrégation au feu de la poudre, et que la fusée suit néanmoins une direction contraire à cet essor, il est manifeste que c'est principalement l'air intérieur qui l'enlève.

L'air perd de sa transparence à mesure qu'il devient plus épais. On a cité les hautes montagnes pour la belle transparence de l'air : lorsqu'elles sont couvertes de neige, la lumière s'y réfléchit, et ajoute sans doute à la transparence; mais dès que les neiges n'y sont plus, quoiqu'il y ait peu d'exhalaisons, elle n'y est jamais aussi grande que dans les pays moins élevés. Lorsqu'on arrive des champs du Midi sur les montagnes, l'air, par sa teinte moins claire qui résulte de la densité, a je ne sais quelle tristesse qui se communique bientôt à nos sens, parce que les yeux n'ont plus devant eux cet air léger et transparent qui est plus en harmonie avec leur organisation, et qui leur plaît en conséquence davantage. Cette densité resserre les airs, et, lorsque l'éther est descendu vers nous, elle devient toujours plus sensible. Alors, quoique le ciel ait toute sa sérénité, les étoiles ne paraissent qu'en petit

nombre, parce que l'air, en devenant plus épais,
a perdu de sa transparence. C'est dans les val-
lées, où règnent la dilatation et la réflexion de
la lumière, que l'air est le plus transparent,
surtout lorsque les zéphyrs ont purifié l'atmosphère. La surface du sol y est en général plus
sablonneuse, et cela accroît la réverbération.
Le feu répandu dans l'espace n'est jamais sans
chaleur et sans éclat, quoiqu'il reste invisible
tant qu'il erre librement, et il contribue aussi,
en raison de son abondance, à la dilatation
comme à la splendeur du ciel; mais les vents
se font souvent sentir sur les hauteurs, et leur
enlèvent ce feu qui dilatait les airs, et pouvait
ainsi leur donner plus de transparence.

L'air est élastique et sonore : la foudre nous
l'apprend toutes les fois qu'elle éclate dans
l'espace; de son choc subit et violent naît un
bruit soudain que les flots de l'air transportent
au loin, en nous faisant entendre ce roulement
retentissant qui semble la voix du souverain de
l'univers. Lorsqu'un corps solide tombe sur une
masse d'eau, des ondulations s'élèvent et s'é-
tendent en cercles redoublés; l'air, qui est
aussi un élément fluide, transporte de même
dans l'étendue les sons de la foudre, et ce long
roulement nous annonce la fluctuation des airs.
Dans les contrées méridionales le tonnerre est
toujours plus sonore, et se fait entendre plus au

loin, parce que les vibrations d'un air raréfié
sont plus étendues, plus rapides et plus lentes à
expirer. Les sons se propagent en effet plus rapidement et parviennent plus au loin dans un
air dilaté que dans celui qui est condensé; le
vent du midi l'atteste assez lorsqu'une sonnerie
se fait entendre. La dilatation est bien moindre
la nuit que durant le jour; cependant l'on entend
mieux la nuit, parce que les sons divers qui
s'élèvent pendant le jour même dans les champs,
forment par leur réunion un bruit considérable
qui nous empêche de percevoir nettement les
sons que l'on voudrait distinguer.

Rien ne prouve mieux l'élasticité de l'air que
l'expansion des sons : un grand nombre d'ins-
truments sonores se faisant entendre au loin,
n'ébranlent pas les airs d'une manière sensible
au toucher, à la distance de deux pas; cependant
leurs sons s'étendent avec une grande vitesse,
et remplissent l'espace environnant tout entier,
sans laisser l'intervalle d'un point; on les dirait
transportés par une essence plus légère et plus
subtile que l'air, ou plutôt par une âme aérienne
de la sensibilité physique la plus rapide. Ce
phénomène déjà observé par les physiciens,
et qui semble une propriété particulière de
l'air, est sans doute une des grandes merveilles
de la création ; elle annonce que l'unité est
dans cet élément; les exhalaisons, les vapeurs

et les molécules terrestres qui voyagent dans son étendue sont tout aussi étrangères à son essence que les parties matérielles entraînées par les eaux diffèrent de ce liquide par leur nature. Si l'air n'avait pas l'unité, les sons ne l'auraient pas également, et ne s'étendraient pas aussi loin. Lorsque l'airain sonne les heures de la nuit, en l'absence des vents, si l'on prête une oreille attentive, on trouve dans les sons qui arrivent et se succèdent une perfection identique si continue et si entière qu'on ne peut douter de cette unité.

L'expansion des sons a même lieu, rapidement et par ondes sonores, dans des corps où l'air ne peut se mouvoir du dedans au dehors, parce que les corps les plus compactes sont néanmoins poreux, compressibles et élastiques, et qu'ils ont la sonorité aussi bien que l'air qu'ils renferment. Lorsqu'on fait résonner des pincettes suspendues à un fil que l'on tient sur l'orifice de l'ouïe, les sons nous parviennent avec une grandeur surprenante. Il est évident que l'on reçoit alors ceux qui circulent dans l'intérieur du corps métallique, et qu'ils sont grands parce que nous les recevons immédiatement. Plus ce corps a été purifié dans sa fusion et battu sur l'enclume, plus les sons en sont purs et sonores, parce que dans un métal fortement battu les grains s'allongent en filaments plus susceptibles de vibrations, et qui facilitent la propagation intérieure des sons. S'il eût été battu sur un corps raboteux , ces filaments seraient sans doute moins droits et moins élastiques ; et l'on peut présumer que les sons en seraient moins arrondis, moins grands, et que les vibrations dont ils émanent subsisteraient moins long-temps.

Le feu tend à diviser les corps, mais l'air par sa pression, de concert avec l'attraction de cohésion, les réunit à leur centre de pesanteur. Cette pression est nécessaire pour former et pour maintenir l'agrégation des végétaux et celle des autres corps terrestres. Sa pression est toujours plus forte avec la densité, et s'il arrive quelquefois que les plantes des campagnes du midi soient incendiées par la chaleur, c'est lorsque l'air est trop raréfié ; il ne peut alors exercer une pression suffisante contre l'action du feu caché dans leur sein, que le calorique extérieur est venu réveiller. La présence de l'éther confirme cet effet présumé de la densité : toutes les fois qu'il pèse sur nous, les airs sont comprimés plus qu'à l'ordinaire , l'on respire moins facilement, et le feu de nos foyers perd toujours de son activité.

Lorsque le mouvement diurne nous a privés du jour, la nuit étend ses ombres , et l'obscurité serait profonde sans la clarté que répandent les étoiles, parce que l'air n'est point lumineux par lui-même, et que sa compression vers la cime de l'atmosphère nous prive de la lumière des régions voisines. L'espace où nous sommes se trouve alors privé de la chaleur qu'il recevait auparavant ; mais, comme tous les corps conservent quelque temps le feu dont ils ont été pénétrés, l'air conserve de même celui qu'il a reçu durant le jour. Cependant, cet élément n'étant point compacte, l'attraction du soleil peut le lui enlever aisément; et cela arrive en plus ou moins d'abondance, car à la fin de la nuit l'air est ordinairement plus froid qu'il ne l'était le soir. C'est donc à la longueur des nuits que le Nord doit principalement la rigueur de ses hivers.

On a attribué à la lumière la couleur bleue du ciel par réflexion de l'air : à la cime de l'atmosphère les airs sont fortement comprimés ; ils y ont de plus un mouvement rapide et régulier, comme on le verra ; cependant la réfraction de la lumière par le prisme atteste qu'elle n'est point ébranlée par ce mouvement. Il en résulterait que l'air ne s'oppose point à son passage, et qu'il ne peut en conséquence causer aucun reflet vers les hautes régions. Cette réflexion n'a pas lieu également dans l'espace qui nous environne, parce que les airs raréfiés y sont toujours agités, et, s'ils avaient la puissance de réfléchir, on verrait des flots de lumière ondoyer sur tout l'horizon, ce que l'on n'a pas encore aperçu. La lumière est tout à fait élastique, et le moindre contact peut certainement la réfléchir; mais toutes ses couleurs ont cette faculté. Ainsi comment l'air réfléchirait-il le bleu en si grande abondance, à l'exclusion de toutes les autres couleurs? Si la tente azurée du ciel était formée par la lumière réfléchie, elle le serait par la lumière elle-même qui est toujours lumineuse; et, la réflexion multipliant ses effets au centuple, nous aurions sur nos têtes un dôme presque aussi étincelant que la flamme, et qui ne le céderait sans doute pas à l'anneau de Saturne. Quand le soleil est descendu sous l'horizon sa lumière l'a accompagné; alors l'étendue de la terre et l'épaisseur de notre atmosphère vers ses limites nous l'interceptent entièrement; cependant, à la faveur des étoiles, nous voyons encore au-dessus de nos têtes cet azur foncé ou violet que la lumière du soleil n'éclaire point, et qu'elle ne forme pas conséquemment. On ne peut également l'attribuer à celle des étoiles, parce qu'elle n'est pas assez considérable. D'ailleurs un grand nombre de celles-ci diffèrent de couleur, et si elles formaient le dôme céleste, on apercevrait certainement quelque différence dans les espaces qui les séparent; cependant l'on n'en voit aucune, et l'azur du ciel nous présente l'unité la plus parfaite dans toute son étendue.

Mais l'air a aussi sa couleur, car il n'existe aucun corps fluide ou opaque qui en soit dépourvu. Or, l'air étant comprimé vers la cime de l'atmosphère, sa transparence y est bien moindre que dans les régions inférieures, et sa couleur y doit être plus sensible à nos regards. On peut donc penser que sa couleur est violette, comme nous la voyons durant la nuit, mais que la blancheur de la lumière l'éclaircit pendant le jour et la rend azurée. Si elle était bleue, son alliance avec la lumière la rendrait presque blanche. L'œil, qui a la faculté de nous représenter les couleurs de la lumière, ainsi que le prisme nous l'apprend, nous fait voir de même pendant la nuit la couleur de l'air : lorsqu'on regarde comme au travers de la paupière on croit souvent apercevoir des ombres parfaitement violettes, formant des jeux assez intéressants par leur mobilité ; et ce spectacle tout à fait aérien est digne de l'essence légère où se trouve le prodige de la vue. C'est donc l'air qui forme cette voûte bleue qui termine peut-être notre atmosphère, et qui semble néanmoins l'enceinte des champs de la création. Il en est un des plus beaux spectacles par son immensité qui nous présente l'infini, par sa force qui soutient sans effort tous les globes, et surtout par sa couleur qui réjouit toujours la vue des humains, soit durant le jour, lorsque l'horizon nous laisse voir tout son éclat, soit lorsque les étoiles viennent, comme des enfants de la lumière, rayonner dans l'espace et décorer son vêtement d'azur.

CHAPITRE X.

—

LES VENTS.

Les zéphyrs du matin et du soir sont dus, le premier à la chaleur qui en arrivant donne de l'extension à l'air, et l'oblige à ouvrir son cours devant elle ; et le second au refroidissement de l'atmosphère. L'un précède le soleil, et l'autre l'accompagne ; par conséquent tous les deux soufflent d'orient en occident.

Les airs sont comprimés, comme on peut en juger par la pression qu'ils exercent constamment, et la dilatation, qui suit et précède le cours du soleil, raréfiant l'espace sur son passage, l'air le plus voisin de cet espace raréfié s'y rend toujours le premier, parce qu'il subit la pression de la masse extérieure qui l'environne ; il vient donc remplir cet espèce de vide, et repart à peu près avec la vitesse de l'air qui le devance. Ainsi les zéphyrs que nous avons, ne sont pas allés rafraîchir leurs ailes vers les pôles de la terre, comme on a pu le croire.

Les vents alizés sont regardés pareillement

comme l'effet de la dilatation du soleil. Quant aux vents *irréguliers*, ils sortent de l'ordre paisible de la nature, et la plupart appartiennent sans doute à la volonté de la Puissance céleste.

On les a attribués à l'attraction du soleil et de la lune, au mouvement de la terre, et au passage du fluide électrique :

Le fluide électrique, qui accompagne les orages, prend naissance vers les hautes régions, et il doit y être abondant. Les observations faites sur les aurores boréales nous ont appris qu'il se voit ordinairement à une grande élévation, et, comme le feu qui le forme, il doit avoir un mouvement d'ascension vers l'astre du jour. Lorsqu'il se rapproche de nous, c'est après s'être répandu dans l'espace, où il a nécessairement perdu une grande partie de son intensité ; et si la Providence ne le réunit elle-même, il ne répandra jamais une dilatation assez forte pour qu'on puisse le regarder comme la cause de ces vents. Le fluide électrique, aussi bien que le feu, est soumis à l'attraction du soleil ; et puisque l'attraction est une force constante et régulière le cours du fluide électrique doit de même s'opérer avec régularité et paisiblement.

La dilatation du soleil subit peu de variation ; elle est presque permanente, et ne produit que des vents réguliers et doux ; on ne peut donc lui attribuer les vents impétueux qui s'élèvent parfois subitement, et qui sont toujours passagers.

Le mouvement de la terre est pareillement étranger à leur existence. Quoiqu'il soit la cause du balancement des eaux de la mer, il n'ébranle point les airs, parce que la forme de notre atmosphère s'y oppose. S'il pouvait causer quelques vents, ils seraient aussi réguliers que ceux qui sont produits par la dilatation du soleil, et indépendants comme eux de toute autre cause.

S'ils étaient dus à l'attraction du soleil et de la lune, ils auraient de même toute la régularité que l'on peut supposer à cette force motrice.

Les vapeurs et les exhalaisons de la terre ne sont pas également assez puissantes pour troubler sensiblement le repos des airs, parce qu'elles se composent de molécules aqueuses plus propres en général à refroidir l'atmosphère qu'à accroître la dilatation.

On a parlé de ruptures d'équilibre causées par le fluide électrique dans les régions supérieures : la descente de l'éther, que l'on distingue aisément à sa fraîcheur, qui n'est point ordinaire, et que la chaleur semble n'avoir jamais pénétrée, pourrait le persuader; mais lorsqu'il pèse sur nous, un calme profond règne presque toujours dans l'espace; d'ailleurs cela arrive ra-

rement, et se trouve dans l'ordre des phénomènes que fait naître assez souvent la Puissance
céleste pour nous avertir de sa présence.

Par la congélation, les eaux deviennent un
corps solide, et sont privées du mouvement; si
le froid ne parvient pas à durcir de même les
airs, il peut les rendre en quelque sorte immo-
biles; car ils sont ordinairement en repos lorsqu'il exerce ses rigueurs. Dans les régions éle-
vées, la condensation règne constamment avec
force, et les airs y sont, en outre, fortement
comprimés; ainsi la densité et la compression
étant deux grands obstacles au mouvement, il
n'est pas à croire que le fluide électrique cause
jamais des ruptures de cette étendue dans l'équilibre des airs.

On peut donc considérer la plupart des vents
comme les messagers de la Puissance céleste.
Elle les dirige dans tous les sens, à volonté et
sans obstacle. J'ai prêté une oreille attentive au
souffle des autans : leurs masses sont quelquefois
si considérables et poussées avec tant de violence,
que la dilatation, fût-elle cent fois plus grande,
elle ne parviendrait pas à leur donner un pareil
mouvement. Les airs sont comprimés, et il n'y
a qu'une main souveraine, maîtresse des éléments, qui puisse exercer une pression assez
forte pour les ébranler dans une aussi vaste
étendue.

Lorsque des vents paisibles, chargés de nuées, arrivent sur une vallée profonde, ils détournent quelquefois leur cours, et suivent la direction des hauteurs qui environnent la vallée sans la franchir, parce que son enceinte, en présentant une plus grande masse d'air, leur oppose plus de résistance que l'espace qui se trouve à leur niveau. C'est ce phénomène qui a fait penser que les montagnes exerçaient une attraction envers les nuages. Ils se réunissent ordinairement sur leurs cimes ; et la cause de leur réunion les y maintient, tant que les vents ne viennent pas leur donner une autre direction.

Chaque corps opaque de la terre exerce principalement son attraction envers les parties qui lui appartiennent ; le soleil l'exerce de même envers le feu émané de ses rayons ; et il est à croire que si les nuées subissent une attraction, ce doit être par l'humidité des forêts, par les arbres eux-mêmes, qui ne sont presque entièrement qu'un liquide transformé en corps matériel, et par les eaux de la mer, dont la nature forme un corps bien différent de la matière terrestre sur laquelle elles reposent. Cependant l'attraction ne détermine pas toujours leurs courses, parce qu'elles sont soumises au pouvoir des vents, que dirigent la dilatation et la Puissance céleste.

Par leur cours, qui est presque toujours un bienfait, les vents hâtent la végétation ; et par cette douce harmonie qu'ils répandent dans les vallons et dans les forêts, ils bannissent le repos des airs et le silence des campagnes, qui attristeraient nos sens, flétriraient l'imagination, et nous sembleraient bientôt une absence de la vie. L'esprit ne s'endort point au bruit de leurs concerts, car ils réveillent la pensée. On se plaît toujours à les entendre, à leur voir balancer le feuillage, à faire ondoyer les moissons, ou rider la surface des eaux. On leur doit aussi les scènes les plus majestueuses, soit lorsqu'ils soulèvent tumultueusement les flots de la mer, tandis que les rayons du soleil argentent leur sein transparent, et se réfléchissent de toutes parts vers le zénith, ou à l'horizon en flèches de feu; soit lorsque les nuages amoncelés s'avancent sur leurs ailes au bruit des airs et de la foudre. Leur souffle n'est pas continu, parce que l'air qui se rend dans l'espace raréfié a besoin lui-même d'être dilaté pour reprendre son essor. C'est ce qui fait que les vents, dans leurs courses, se reposent de moment en moment. Lorsque cette alternative de bruit et de repos se passe dans les bois, au sein de la nuit, le charme en est délicieux, on croirait entendre la grande respiration de la nature.

CHAPITRE XI.

LE SOLEIL.

Le soleil est un globe de flamme, qui doit être aussi pur que les rayons qu'il nous envoie. Il subsiste sans aliments, car il ne reçoit des corps opaques aucunes molécules, soit terrestres, soit aqueuses, parce qu'elles ne peuvent s'échapper de leur atmosphère, comme on le verra par l'ordre qui régit cette partie de l'espace, mais, par son attraction, le feu que ses rayons répandent remonte à sa source.

Cet astre, étant comprimé également de toutes parts par les airs qui le soutiennent dans l'espace, ne peut qu'être sphérique; et sa flamme, qui ne reçoit point d'aliments d'une nature étrangère à son essence pour l'exalter, doit conserver sa surface aussi unie que celle d'une eau parfaitement calme, nonobstant la présence de ses rayons, qui forment un corps par eux-mêmes, et qui doivent répandre jusqu'à une grande distance une lumière presque aussi intense que la flamme. Les eaux de la mer ont un balancement,

parce qu'elles ne sont pas indépendantes du
corps terrestre, qui forme avec elle notre globe ;
mais le soleil a l'unité dans son essence, et son
mouvement de rotation ne peut causer aucune
oscillation dans son sein ; par conséquent, l'ordre de ses couleurs reste immuable, ainsi que la
réfraction nous l'atteste.

Quelques observateurs ont cru apercevoir des
taches sur son disque, et ils nous les ont signa-
lées, sans penser que cet effet pouvait résulter
de la splendeur qui environne cet immense
océan de lumière. Ils ont en conséquence supposé dans le sein de cet astre des corps solides
pour le maintien de sa constitution physique.
Cette hypothèse peut aller de pair avec celle qui
nous apprend que la terre fut autrefois un globe
de feu refroidi à la suite des temps, et changé
en matière terrestre, de même qu'une eau exposée à la densité de l'air se convertit en glace
par couches successives. Messieurs les astronomes sont en quelque sorte citoyens des champs
étoilés, ils nous ont appris des choses merveil-
leuses que le temps et les expériences ont justi-
fiées ; mais de pareils systèmes sont à déplorer,
et s'ils appartiennent aux génies célèbres qui
ont parcouru l'empyrée, ils prouvent seulement
que la vue la plus perçante est susceptible d'é-
blouissements avec le meilleur télescope, et que
la raison la plus saine peut subir des éclipses

dans les hautes régions de la philosophie.

Le mouvement du soleil sur lui-même est assez visible à son lever, et il est incontestable lorsqu'on le considère par réflexion de l'eau.

Combien ses rayons doivent être pressés au sortir de son sein, puisque sur notre globe ils sont encore assez nombreux pour répandre la plus grande lumière et une vive chaleur! Ils suivent une ligne droite dans l'espace, et ce n'est que par la réfraction qu'on peut les infléchir. Rien de plus merveilleux que de les voir réfléchis par les eaux; ils se relèvent en scintillant avec un vif éclat, et semblent former à leur surface le calice d'une fleur diaprée. Au plus léger mouvement de la paupière, ils s'élèvent et s'abaissent alternativement avec effervescence. A leur beauté, on reconnaît le feu céleste destiné à vivifier la nature; et les mers de la lune, en nous les renvoyant encore pleins d'éclat, attestent la force qui les a lancés dans l'espace.

Chaque rayon est un corps plein d'intensité; et ils partent de la surface du disque solaire comme une forêt épaisse de roseaux étincelants. Si ces rayons ne formaient pas un corps aussi intense, nous ne recevrions du soleil que des lueurs, comme celles de la flamme terrestre, et sa lumière ne s'étendrait pas aussi loin. Cet ordre semble sortir des lois qui régissent la flamme parmi nous, et il nous apprend d'une manière éclatante la puissance infinie de son créateur.

Les rayons solaires montrent leurs couleurs à la réfraction du prisme. Ils se réfractent aussi dans le sein des nuées. Lorsque les vapeurs sont amollies par la dilatation, elles peuvent opérer la réfraction. C'est pourquoi, durant l'été, quand le soleil les éclaire horizontalement, nous avons de belles aurores et un couchant radieux. Si pendant l'hiver les nuées se colorent rarement, c'est parce qu'elles ne sont pas souvent dilatées.

Newton a cru que la lumière se réfléchissait sur la glace sans se comprimer à la surface : le verre de la glace se remplit de lumière, et son intensité pourrait sembler une cause assez répulsive, il est vrai; mais elle ne peut empêcher les rayons d'en toucher la surface, parce qu'ils ont une émission constante et assez forte pour traverser des corps transparents plus épais qu'une glace. En exposant un miroir convexe au soleil, on aperçoit un mouvement d'ascension dans le jet de lumière qui s'élève du miroir. Il faut placer ce réflecteur un peu au-dessous de l'œil pour le voir. Le jet de lumière ne s'élève pas en ligne droite comme lorsque les rayons tombent sur un miroir plan, mais il revient en avant, conformément à la direction que la forme convexe du verre lui a donnée lorsque les rayons s'y sont comprimés. Ce fait doit suffire pour prouver qu'il y a contact des rayons à la glace lors de la réflexion.

L'émission que je viens d'observer, et le feu épanché sur la terre comme dans l'espace, qui remonte à sa source, annoncent que les rayons solaires se renouvellent sans cesse. Ce renouvellement semble s'opérer avec lenteur, mais toujours dans le même ordre, et avec la même intensité.

Le feu qui circule dans l'espace émane des rayons du soleil, et il en conserve toutes les couleurs. Il n'est pas à croire que cette émanation soit due à l'action de l'air; cet élément n'ébranle pas la lumière, ainsi que je l'ai déjà observé, et comme on peut le voir en la faisant réfracter même avec le vent le plus impétueux; elle reste parfaitement fixe, aussi bien que l'arc-en-ciel lorsqu'il paraît. Les rayons solaires abandonnent ce feu lorsqu'ils arrivent aux limites de leur sphère, et lorsqu'ils exercent leur pression sur les corps opaques et liquides; les métaux même en sont échauffés. C'est donc un feu qui les a pénétrés. Ils conservent encore leur chaleur après l'éloignement des rayons, et prouvent ainsi que le feu qu'ils ont reçu est devenu indépendant. Il l'est en effet; mais, l'attraction du soleil exerçant constamment sa puissance, ce feu s'échappe de la matière, et remonte assez

rapidement vers l'astre d'où il était descendu.
Lorsque les nuages empêchent les rayons de
toucher la terre, on ne tarde pas à s'apercevoir
de l'absence de la chaleur ordinaire. Sous la
ligne équinoxiale le soleil les darde perpendiculairement : ne pouvant alors se réfléchir en quelque sorte que sur eux-mêmes, ils se compriment
fortement sur le sol, et y déposent du feu en
abondance. La matière en ayant reçu davantage
le conserve plus longtemps. Voilà ce qui donne
à ces pays des chaleurs brûlantes, tandis que
dans ceux du Nord les rayons lancés obliquement se réfléchissent sans exercer une aussi
grande pression, et par conséquent sans répandre
autant de feu.

Chaque rayon part du soleil et arrive aux
confins de l'espace qu'il éclaire sans être ébranlé
par le souffle des vents, et sans se briser ; car,
s'il pouvait l'être dans sa course, je ne vois pas
quelle force l'obligerait à se montrer toujours à
nous en ligne directe avec le soleil ; ainsi tous les
rayons qui viennent se reposer sur nos têtes
touchent en même temps à cet astre paternel
comme un signe de la bienveillance céleste.

CHAPITRE XII.

—

L'ARC-EN-CIEL.

Les couleurs de la lumière considérées au travers du prisme ont une beauté merveilleuse, et les divers corps qu'elles colorent et revêtent de leur éclat offrent toujours un aspect pittoresque. Avant que nous eussions obtenu l'avantage de les voir à la faveur de cet instrument, l'arc-en-ciel avait déployé son arc radieux, et ce n'était pas une merveille moins imposante. Les physiciens ont pensé justement que cet arc ne paraissait qu'après avoir subi la réfraction; mais son étendue, et la largeur de ses bandes colorées qui n'a aucun rapport avec celle des bandes de la lumière réfractée par le prisme, ont dû les laisser dans l'incertitude sur la cause de ce phénomène. Je l'ai observé pendant plusieurs années, et je pense n'être pas dans l'erreur sur celle que je lui attribuerai.

Le prisme, en nous montrant les bandes de la lumière, nous apprend que la largeur de chacune d'elles est peu considérable; qu'il leur faudrait

par conséquent une extension presque centuple
pour former celles de l'arc-en-ciel. Le phénomène ne pourrait donc, suivant cet ordre,
s'opérer naturellement.

Les rayons du soleil s'élancent au dehors en
droite ligne, comme s'ils partaient tous de son
centre de gravité, et, en s'épanouissant dans le
sens de la rondeur du globe, ils sont dans l'impuissance absolue de former un cercle ou un arc
tel que celui de l'arc-en-ciel. Si la pluie pouvait
les réfracter, ils le seraient en masse et horizontalement, parce que les rayons partant de
l'occident éclairent alors un espace que les nuages
rendent horizontal.

Ainsi, à moins d'une disposition particulière
sur le disque solaire, la forme cintrée de l'arc-
en-ciel ne peut appartenir qu'à la Puissance
céleste.

Le passage de la Genèse qui concerne ce phénomène est solennel. Dieu dit à Noé après le
déluge :

« Je mettrai mon arc dans les nuées, afin qu'il
« soit le signe de l'alliance que j'ai faite avec la
« terre; et lorsque j'aurai couvert le ciel de
« nuages, mon arc paraîtra dans les nuées, et je
« me souviendrai de l'alliance que j'ai faite avec
« vous et avec toute âme qui vit et anime la
« chair. »

Si Dieu n'oublie pas l'alliance qu'il a faite avec

les justes, le signe qui en est le gage donne toujours à l'âme une joie secrète, et les yeux sont toujours ravis d'admiration en le voyant. Il n'est pas dit que le Seigneur créera plusieurs fois le phénomène, mais qu'il le fera paraître. L'ordre qui règne dans ses couleurs et dans son étendue étant invariable, je supposerai une disposition particulière sur le disque solaire.

Pour parler en conséquence de cet ordre et de la nécessité qui nous guide assez sûrement, l'arc-en-ciel existe tout formé dans l'espace, mais il n'est visible qu'avec le concours des nuages, et lorsque la Providence l'ordonne. Puisqu'il existe constamment, et qu'il présente un arc arrondi, avec les couleurs lumineuses du soleil, on peut présumer qu'il y a sur le disque solaire de petits cercles, d'où partent les rayons particuliers qui nous le montrent. Ces rayons ont, de distance en distance, la brillante couronne qui compose ce phénomène, et dont nous ne voyons qu'une partie. C'est ce qui fait que l'on voit souvent deux iris à la fois; alors ils sont en lignes parallèles, et toujours à la même distance. Dans cette hypothèse, il partirait de chaque cercle des faisceaux de rayons décorés de ces iris, qui traverseraient l'espace en conservant l'ordre supposé. Le cercle de ces rayons et les iris prendraient aussi de l'extension en s'éloignant du soleil, à cause de la forme parfaitement sphérique de ce globe, et l'aire des cercles serait remplie par les rayons ordinaires.

L'iris se montre à nous lorsque la partie des rayons où il est placé a été réfractée par une pluie légère. Cette réfraction est opérée par les restes de la pluie, en partie vaporisée, et formant une espèce de réseau liquide. Les bords de ce réseau présentent plus de clarté, parce qu'ils réfléchissent la lumière qui empêchait de voir l'iris; il rayonne d'éclat; on dirait qu'il est incorporé dans la lumière colorée, et que la Providence le soutient immobile dans l'espace.

L'arc-en-ciel se présente ordinairement lorsque le soleil descend à l'horizon; et quelle que soit la direction du nuage qui le fait paraître, elle ne change rien à l'ordre de l'arc, ainsi qu'à son élévation. Ceci est déjà une preuve en faveur de l'ordre particulier que je suppose. L'on ne voit jamais qu'une partie du cercle, parce que le soleil ne nous adresse que ceux qui sont placés sur son disque vis-à-vis de nous. S'il y en a au-dessus des nuées, la réfraction ne peut les atteindre, et ils restent invisibles.

L'iris que j'ai observé s'est toujours montré au même endroit, sauf la différence que peuvent établir les heures du jour et l'avancement de la saison. Il s'élève à mesure que le soleil descend à l'horizon; et il suit également son cours et ses déclinaisons. Je n'ai jamais vu ce phénomène pendant l'hiver ; et s'il ne se montre pas durant cette saison, on peut croire que le soleil ne nous présente pas alors la partie de son disque qui est revêtue des cercles où il prend naissance.

Chaque faisceau de rayons particuliers a sans doute un grand nombre d'arcs-en-ciel ; ils seraient donc comme des enfants du soleil, dont le plus éloigné du sein paternel serait le plus grand. Leur berceau est nécessairement resserré, puisque parmi nous la partie du cercle qui nous les montre ne semble pas avoir encore une grande étendue.

Toutes ces raisons me paraissent assez évidentes pour croire à l'ordre que j'ai supposé. Les deux iris, en se montrant toujours sur les mêmes lieux, à la même distance l'un de l'autre, comme sur la même ligne, et suivant constamment le cours du soleil, en donnent en quelque sorte la preuve. Les globes solaires forment peut-être des merveilles sans nombre par la différence comme par l'arrangement de leurs couleurs, et l'arc-en-ciel semble être descendu jusqu'à nous pour nous l'apprendre. Puisqu'il résulte d'un ordre particulier sur le disque solaire, Dieu l'a formé pour être de plus un témoignage de ses dispositions envers les hommes, et il nous a appris lui-même à le regarder comme un signe consolateur ; il est son arc, et c'est par l'ordre

du Seigneur qu'il se rend visible en déployant
sa magnificence. Si son apparition ne dépendait
que de causes naturelles, il n'aurait pas souvent
cette régularité qui nous enchante. A la fin d'un
orage, il est toujours le présage d'un temps plus
doux, comme il le fut pour Noé après le déluge, et il nous assure de la bienveillance du
maître des nuées, surtout lorsqu'il paraît dans
toute sa beauté.

CHAPITRE XIII.

—

LA LUMIÈRE DU JOUR.

La lumière proprement dite est toujours lumineuse, parce qu'elle ne s'écarte point des rayons du soleil; mais la lumière du jour, qui n'en est qu'une seconde émanation, est infiniment plus légère, et d'un éclat bien inférieur. Les rayons ont une grande intensité, et un seul de la longueur d'un mètre, répandu en cette lumière du jour, en donnerait peut-être autant que l'on en voit ordinairement dans un espace plusieurs millions de fois aussi grand. Le calorique de cette émanation et ses couleurs ne peuvent être que dans la même proportion à l'égard des rayons. Elle devient encore plus légère à mesure qu'elle prend de l'extension, et s'éloigne de sa source. Ses diverses couleurs se réduisent à l'unité dans l'espace, quoiqu'elles ne se confondent point, et cette unité se montre à nos regards sous une couleur blanche, tempérée par l'azur du ciel. C'est cette clarté qu'on nomme *le jour*, qui nous éclaire dans nos appartements,

lors même que les rayons solaires n'y pénètrent
pas.

Pour se répandre dans une chambre dont les
fenêtres sont fermées, la lumière est obligée de
traverser les vitres. Si un corps opaque se trouve
sur son passage, il reçoit sa clarté du côté de
la fenêtre, et il forme une ombre de l'autre; si
l'on ferme les contrevents, elle disparaît à l'instant, et l'on se trouve dans l'obscurité. On pourrait se demander si la lumière existait dans la
chambre, et si ce n'était pas celle du dehors que
l'on voyait à la faveur de la transparence de
l'air : l'ombre du corps opaque atteste qu'elle
était dans la chambre; elle atteste encore qu'elle
est élastique, qu'elle part des rayons du soleil,
et qu'elle suit comme eux une ligne droite dans
son extension. En se retirant aussi subitement,
elle prouve sa rapidité, et qu'elle est inséparable des rayons qui l'ont fait naître. Lorsque le
cours de la terre nous prive de la présence du
soleil, elle ne nous accompagne pas; si elle devenait indépendante des rayons, l'élévation des
montagnes serait toujours précédée d'une masse
assez considérable de son essence pour nous
donner plus de clarté. Cependant, par son extension, elle nous éclaire encore quelque temps,
et c'est elle qui forme le crépuscule.

La lumière est insaisissable, et l'on ne parviendrait pas à en détacher une seule parcelle.

Comme les rayons solaires, elle se réfléchit sur la glace et sur les eaux avec un éclat proportionné à son intensité.

La lumière que répand la flamme d'un corps allumé est également inséparable de cette flamme. Si l'on éteint celle-ci, la lumière se retire avec la flamme qui rentre dans l'intérieur du corps à la surface duquel elle se montrait, et cette clarté, qui remplissait tant d'espace, n'occupe plus qu'un point.

La lumière nous fait apprécier ses bienfaits lorsqu'elle nous abandonne aux ombres de la nuit. Si son absence était entière, c'est-à-dire si les étoiles nous refusaient leur clarté, nous serions dans des ténèbres en quelque sorte palpables par leur épaisseur, et sans doute obligés de fermer les yeux aussi bien qu'en présence d'une trop grande lumière.

Lorsque des nuées couvrent l'horizon, les rayons du soleil ne les traversent pas entièrement; cependant leur clarté descend jusqu'à nous. Mais si ces nuées s'abaissent sur la terre, l'eau vaporisée ou liquide n'étant point lumineuse par elle-même, elles diminuent la transparence de l'espace qu'elles occupent dans leur état aériforme, et une grande partie de la lumière du jour se trouve interceptée. Alors l'obscurité règne en raison de l'abondance des vapeurs nébuleuses, et la terre est dans la tristesse.

Ces vapeurs ne sont favorables ni à la végétation, ni à la santé. Ténébreuses et perfides, elles n'ont jamais versé la joie à ceux qui voyagent sous leurs auspices. Telle n'est point la lumière d'un beau jour : les plus infortunés se réjouissent en sa présence. A peine a-t-elle commencé de chasser les ombres de la nuit, que toute la nature semble tressaillir d'allégresse; les végétaux se réveillent, leur feuillage s'anime, et les fleurs livrent leurs plus doux parfums aux premiers rayons du soleil, qui viennent faire briller leur parure de tout son éclat. Les oiseaux ont ouvert leur paupière, et leur concert si varié, qui annonce le séjour de la joie et de l'innocence, résonne de toutes parts dans le bocage. L'homme juste, qui apprécie son existence, vient aussi saluer l'aurore, avec le souvenir des jours passés et les espérances de l'avenir; il écoute leurs chants joyeux dans le ravissement, et il s'unit à eux pour rendre des actions de grâces à l'Éternel.

CHAPITRE XIV.

—

LE FEU.

La lumière du jour n'est jamais dépourvue de chaleur. Il y a de plus dans l'espace un feu qui est émané comme elle des rayons solaires, et qui en est devenu indépendant en se rendant captif de la matière, ainsi que je l'ai observé au sujet du soleil. Il y a encore celui que les rayons répandent nécessairement vers les limites de leur sphère, et qui alors en devient de même indépendant. On a demandé si le feu est un *corps :* lorsque les vents du midi arrivent, ils nous l'apportent en assez grande abondance pour attester l'affirmative. S'il n'était pas un corps, il serait hors de leur puissance. Le toucher, au surplus, n'en doute pas lorsqu'il atteint une partie de notre corps. La lumière du jour elle-même, la moins intense, a cette qualité, et il n'y a absolument que le vide qui ne l'ait pas. La présence du feu ne donne pas un surcroît de clarté bien sensible; cependant il contribue à la splendeur du ciel, et il reste invisible tant qu'il est libre dans les airs. Les corps matériels et liquides connaissent son pouvoir lorsqu'il est réuni dans un court espace : les uns sont réduits en cendres, et les autres vaporisés rapidement.

Ce feu circule dans les airs, dans les eaux et dans la terre; mais le soleil le rappelle à lui par son attraction, et le sollicite sans doute à s'échapper de la matière. Cependant il y en a toujours assez abondamment parmi nous : lorsqu'un char roule avec rapidité, l'essieu et le moyeu des roues s'échauffent considérablement, parce que le feu répandu dans l'air se succède comme à l'électricité, et que la pression des parois le fait pénétrer dans le corps matériel. Le frottement réveille en outre le feu répandu dans le bois et l'appelle vers les bords.

Tous les corps terrestres en ont reçu plus ou moins dès le développement de leurs germes. Placé dans les végétaux, il en est la vie, et pour ainsi dire l'âme, car c'est lui qui leur donne l'accroissement, en élevant par son mouvement d'ascension les eaux de la terre jusqu'à l'extrémité de leurs rameaux et de leur feuillage. Les eaux renferment toujours différentes substances étrangères, et, en entrant dans le corps végétal, elles subissent une élaboration qui n'admet que la partie substantielle que l'on désigne sous le nom de *séve*. La présence des rayons du soleil accroît en même temps le pouvoir du feu qui vivifie la plante ; alors la séve mieux dilatée circule plus vigoureusement, le feuillage est plus beau, et les fruits ont plus de saveur. Les fleurs exposées aux rayons de cet astre bienfaisant sont de même mieux colorées et plus odoriférantes.

Le feu, captif dans les végétaux, s'éveille toujours à l'approche d'un feu extérieur suffisant. Lorsqu'on veut opérer une combustion, il est besoin de ce feu extérieur, parce qu'il pénètre le corps matériel, et augmente la puissance du feu captif par sa réunion. Le bois encore vert s'oppose plus longtemps que le bois sec à l'essor du feu intérieur, parce que la substance aqueuse, qui s'y trouve plus abondante, ralentit l'action du feu.

La flamme d'un bois en combustion tient par agrégation au feu de l'intérieur de ce corps ; et si le vent arrive, par les efforts qu'il fait pour enlever la flamme, il donne une grande énergie au feu, parce que cette flamme attire avec force le feu intérieur vers les bords. Il apporte en même temps du calorique, et ceci nous explique l'effet des courants d'air sur les corps allumés.

La propriété du feu est de séparer jusqu'aux molécules les parties dont se composent les corps matériels. Il est justement reconnu que le bois a été formé presqu'en entier par l'eau, et lorsque ce corps est soumis à l'action du feu, la plus grande partie se résout en vapeurs, et ce qui appartient à la matière se réduit en cendres.

C'est le feu intérieur d'un objet allumé qui le consume, et sa flamme paraît en raison de son abondance; différemment, toute espèce de bois donnerait à peu près autant de flamme qu'une autre.

Lorsque le bois est presque consumé, la flamme cesse de paraître, parce que la partie la plus considérable du feu qu'il renfermait s'est échappée de son sein ; il ne reste qu'une matière embrasée, où il se montre encore avec éclat sous une couleur rouge.

La clarté que donnent les corps matériels ou les liquides onctueux lorsqu'ils sont enflammés, est assez éclatante; cependant tous les flambeaux réunis ne répandraient pas cette douce lumière du jour, dont la sérénité est si analogue à l'organisation de nos yeux.

Les couleurs des rayons du soleil sont inaltérables, et il ne s'en détache pas une seule parcelle sans que ses couleurs l'accompagnent. Le feu terrestre a donc toutes les couleurs des rayons dont il émane ; mais sa flamme ne peut paraître dans toute sa beauté tant que le feu qui la produit est l'allié de la matière.

Par un effet de l'attraction du soleil, le feu tend à se mettre en liberté; et celui qui est renfermé dans un corps, s'il parvient à l'embraser, exerce toute sa puissance jusqu'à ce qu'il l'ait entièrement consumé. Alors ce feu, qui était un principe de vie, est devenu une cause de destruction pour reprendre son indépendance ; il remonte dans l'espace, où il se répand comme fluide, et il perd de sa force à mesure que son intensité diminue.

Dans les arbres dont le bois est serré ou résineux, le feu devient abondant, parce qu'il ne peut en sortir facilement ; c'est pourquoi ces espèces donnent plus de flamme que bien d'autres.

L'huile et les corps gras en ont aussi abondamment. L'huile est forte par son agrégation, de sorte que l'air ne la pénètre pas aisément, et que le feu ne trouve pas d'issue pour en sortir. Exposée à l'air, elle résiste longtemps à son action, comme à celle du calorique extérieur, et, lors même qu'elle est enflammée, le feu ne s'en échappe qu'avec lenteur. C'est à sa résistance que nous devons l'avantage d'être éclairés longtemps avant qu'elle soit toute consumée. Si l'huile, prise en aliment, est salutaire malgré son abondance de feu, c'est parce que ce fluide n'en sort et ne se disperse dans notre corps qu'à mesure que l'huile subit la digestion. Le feu de ce liquide manifeste sa présence lorsqu'il se réunit sur un point ; si l'on allume la mèche d'une lampe, la flamme paraît alors, et peut brûler les corps qui lui sont présentés. Ce feu dispersé dans l'huile était, avant de paraître, dans l'impuissance d'opérer une combustion, mais il n'en avait pas moins tout son calorique.

La flamme est infiniment plus intense que la lumière, mais elle l'est moins que le feu, car trois centilitres cubes d'huile allumée par plusieurs mèches donneraient une flamme beaucoup plus volumineuse que cette quantité d'huile.

Si le feu des liquides spiritueux trouble le repos des sens, c'est parce qu'il s'exhale rapidement de la liqueur ; il vaporise de même avec rapidité ce qu'il y a de liquide dans les aliments, et par ces vapeurs qui s'élèvent jusqu'au cerveau, comme par son contact presque immédiat avec les nerfs toujours susceptibles d'irritation, il ne peut qu'être funeste à la santé, lorsqu'on sort des bornes de la tempérance.

La lumière des rayons solaires, et celle du jour qui en émane, ne forment qu'un tout dans l'espace, et leur agrégation ne saurait être détruite par le mouvement des airs, ou par le choc des corps qui les traversent ; mais le feu épanché par les rayons dans la matière devient indépendant de ces rayons. La lumière solaire et celle du jour renferment du feu en raison de leur intensité ; comme les rayons, elles exercent une pression sur tous les corps, et y répandent aussi du calorique. C'est pourquoi les corps qui

ne sont pas exposés au soleil en reçoivent néanmoins de la lumière du jour ; mais il en sort assez promptement durant la nuit, et leur refroidissement successif jusqu'au matin nous apprend
que le feu, devenu libre, ne vient pas leur conti-
nuer ce calorique que l'attraction leur enlève.
Pour s'échapper des corps combustibles, ce fluide
les consume entièrement si la densité de l'air
n'arrête ses efforts ; et dès qu'il est libre il remonte dans les airs. On peut en conclure que
le feu ne pénètre les corps matériels que lorsque
la pression des rayons ou de la lumière l'y
oblige, et par conséquent qu'il n'est point disposé
naturellement à unir son essence à la matière.
Le feu devenu libre, s'éloignant assez promptement de la matière, on peut encore penser que
ce fluide n'exerce sur elle qu'une faible attraction, si toutefois il est doué de cette puissance.
Des corps légers placés devant un grand feu y
sont emportés, il est vrai, mais c'est l'effet du
mouvement que le calorique donne à la matière
par son contact, et de la dilatation toujours extrême dans le feu, qui établit autour de lui un
courant d'air suffisant pour entraîner ces corps
légers dans l'espace raréfié.

S'il y a deux corps voisins dont l'un soit allumé, la flamme qui le brûle se dirige vers l'autre pour l'embraser, et aider le feu intérieur à se
mettre aussi en liberté. Ce prodige appartient

visiblement à l'attraction du feu envers lui-même ; et il nous présente un effet de la grande loi de l'astre du jour qui l'oblige à revendiquer son essence répandue sur la terre et dans l'espace. Il n'est pas certain que le feu exerce une attraction envers la matière, et encore moins que celle-ci l'exerce envers le feu, car il n'est pas dans l'ordre qu'elle attire sur elle une cause de destruction.

J'ai mis en doute l'attraction du feu sur la matière ; cependant, si le soleil l'exerce sur les globes terrestres, le feu ne doit pas en être entièrement dépourvu ; il conserve toutes les couleurs de l'astre dont il émane, et il doit certainement avoir reçu une émanation de son pouvoir attractif, en raison de son intensité. Or, nous sommes toujours placés immédiatement sous la puissance de ce fluide ; et si l'attraction est un de ses attributs, il est heureux que le soleil le rappelle constamment à lui, parce que s'il devenait trop abondant parmi nous, sa force attractive le porterait sur la matière, si celle-ci ne pouvait arriver jusqu'à lui, et la désolation de la terre en serait sans doute le résultat.

Les parties d'un tout homogène en ont les propriétés : on peut donc considérer l'attraction comme le tout rappelant à lui ses parties éparses, et les parties attirant le tout ; mais celles-ci, impuissantes par leur faible intensité, ou par la petitesse de leur volume, ne peuvent que se rendre vers le tout. C'est pourquoi le soleil rappelle à lui, par la supériorité de sa force, le feu que ses rayons ont répandu dans la matière et dans l'espace; il en est de même pour les fleuves attirant les vapeurs nébuleuses afin de les convertir en liquide; pour la terre, c'est la même cause qui ramène sur elle les corps matériels lancés dans l'espace, et la compression de l'atmosphère ajoute encore à sa puissance. Ainsi le Créateur a établi les attractions nécessaires à l'ordre de la nature, mais l'on peut douter de l'existence de celles qui seraient contraires à cet ordre ou inutiles. Celle que l'on a supposée entre la terre et la lune pourrait bien, en conséquence, être de ce nombre, parce que ces deux globes n'ont pas été destinés à former un même tout, et que les eaux de la terre n'appartiennent pas à celles de la lune.

Les physiciens attribuent au soleil une attraction sur les globes opaques, et le pouvoir de diriger leur cours : cet astre ferait donc mouvoir et appellerait à lui plusieurs globes placés dans un grand éloignement et d'une étendue immense. Or, comment le feu, répandu avec la propriété attractive de la flamme dont il émane, n'enlève-t-il que des molécules aqueuses et les plus ténues? Les corps matériels les plus petits, même les grains de sable, résistent à son attraction. Quoique sa faible intensité ne permette pas de lui attribuer un grand pouvoir, celui qu'il manifeste ne semble pas proportionnel à la puissance que l'on suppose au soleil ; et comme on peut encore penser qu'il enlève les vapeurs par son contact en sortant du sein des eaux, cet enlèvement des molécules n'atteste pas une attraction.

Si le soleil attire les globes, c'est une attraction, parce que ce n'est pas en s'éloignant qu'il opère ce phénomène, comme le feu entraînant les molécules dans son cours. Mais si cette attraction est réelle, il faut nécesssairement croire à une force contraire, qui n'est sans doute pas dans cet astre, car deux forces opposées ne semblent pas devoir exister dans une essence qui a l'unité.

Les lois physiques sont accessibles à notre intelligence, mais l'attraction et la force centrifuge sont des forces mystérieuses qui se combattent sans cesse : or, comment concevoir qu'elles ne se paralysent point mutuellement, et qu'un ordre parfait puisse résulter d'une lutte perpétuelle ? Sans le célèbre Newton, j'aurais cru que le soleil donnait le mouvement diurne aux globes terrestres par le contact de ses rayons, mais que l'Éternel avait imprimé à chacun d'eux, en les créant, le cours constant et régulier qu'ils suivent invariablement, comme il a donné à l'aimant la propriété de se tourner vers le nord. Il est vrai que l'on n'aurait pu y découvrir d'autre cause que sa volonté, mais du moins on n'aurait pas eu l'embarras d'établir la force centrifuge, ni l'attraction d'un globe terrestre à un autre, pour expliquer le cours des satellites, qui ne se trouvait pas en harmonie avec le système général de l'attraction du soleil. Cet ordre, fondé sur des lois imprimées à chaque globe, aurait même présenté plus de justesse, parce que l'attraction doit agir avec plus ou moins de force, suivant la distance des corps opaques. La puissance attractive ne saurait être hors de cette loi générale de la nature, et, puisque la terre n'est pas toujours à la même distance du soleil, son mouvement diurne cesserait d'être régulier s'il dépendait de l'attraction, dont la force doit varier suivant l'éloignement de la terre. Je ne m'élèverai pas pour cet inconvénient contre le système adopté; l'Éternel a pu tout aussi bien soumettre le cours des globes à des forces extérieures, et les faire mouvoir néanmoins avec la plus parfaite régularité.

Si l'air est indispensable à l'existence de tous les êtres, on voit que le feu leur donne la vie et le mouvement. Il est donc le premier agent dans l'ordre de la nature, et l'Éternel l'a soumis lui-même à des lois invariables. Cet ordre de la nature a l'empreinte d'une si grande perfection, qu'il est à présumer que de la masse des feux répandus dans l'espace par les globes solaires, il ne s'en rend pas une seule parcelle dans un soleil étranger, et que ces feux ne servent point à former les végétaux des planètes placées hors de leurs sphères, si toutefois il y en a d'autres que celles de la sphère où nous sommes. En supposant chaque planète vivifiée par un seul soleil, et assez distante des autres pour ne les considérer que comme des étoiles, ses végétaux ne reçoivent point de feu de celles-ci, parce que leurs rayons en arrivant ont presque perdu toute leur intensité, et qu'ils sont par conséquent dans l'impuissance d'exercer une pression assez forte pour y faire pénétrer leur calorique. C'est pourquoi la flamme des divers corps de la terre nous montre constamment les couleurs du soleil qui nous éclaire, d'où l'on peut conclure que ses feux ont seuls contribué à leur formation.

Quoique l'attaction du soleil sollicite constamment le feu qui s'est rendu captif des végétaux, la matière qui l'a reçu et comprimé dans son sein ne lui permet pas de s'en échapper entièrement. Les corps les plus poreux et les plus desséchés conservent jusqu'à la fin de leur existence ce feu qui a contribué à leur formation, en obligeant les eaux et les substances matérielles à prendre la forme qui existait dans leur germe, et il y en reste toujours jusqu'à ce qu'ils soient complétement réduits en cendres.

La flamme alliée à une matière pure est toujours plus brillante dans la combustion. Le *feu sacré*, chez les anciens, était regardé comme le plus pur, et son institution avait été établie pour apprendre aux hommes que l'âme et l'esprit, à l'abri du contact des passions, conservaient plus d'éclat et plus d'intelligence.

CHAPITRE XV.

___

LA FOUDRE.

En physique, on regarde la foudre comme formée naturellement par le fluide électrique. Il n'y a effectivement qu'un feu parfaitement pur qui puisse la composer. Son éclat si éblouissant, sa force et son activité plus dévorante qu'un grand incendie excité par les vents, doivent aussi nous apprendre qu'il faut une masse considérable de ce feu réuni et comprimé pour la former; mais le fluide électrique tendant à se répandre dans l'espace avec extension, et ne pouvant se comprimer de lui-même, il est évident que la foudre est l'arme de l'ange du Très-Haut.

Le Tout-Puissant, en l'envoyant vers les humains, l'a investi d'un grand pouvoir sur les éléments. C'est lui qui réunit et comprime le fluide électrique assez fortement pour le faire éclater avec fracas. Aussi rapide que la pensée, la foudre s'élance à sa voix, et, s'il lui a tracé sa route, elle ne s'en éloigne point.

L'ange des nations sait varier ses éclats : parfois on semble entendre un écroulement formidable, parce qu'il en divise les sons en une infinité de parties; parfois encore elle répand des sons ferrugineux et aigus; on dirait alors qu'elle glisse obliquement avec pression sur un corps métallique; mais si elle éclate sur nos têtes, à peu d'élévation, en répandant ses sons sphériquement, et sans altération dans leur unité, le bruit en est tout à fait arrondi, infiniment plus sonore, et le roulement se prolonge au loin avec la plus grande majesté.

L'ange du Très-Haut dirige les vents; tout lui obéit dans la nature; c'est lui qui fait descendre l'éther, qui éloigne le calorique répandu autour de nous, et qui le ramène; il nous donne l'abondance des fruits de la terre ou la stérilité, suivant sa justice. Devant lui, l'ouragan s'élance, et il est toujours le châtiment des grands crimes; il donne un courroux terrible aux flots de la mer, et fait trembler la terre et l'espace des airs à volonté. La flamme et les tempêtes, comme les plus grands bienfaits, sont dans sa main, suivant la conduite des hommes. Il peut ordonner aux rochers de nous donner des eaux limpides, et ouvrir le sein de la terre pour amener celles de la mer en abondance; il commande, et les nuées viennent couvrir l'horizon; il les élève ou les abaisse, et leur donne les formes et les couleurs de son choix.

C'est ce que l'Écriture sainte nous apprend, et toutes les observations que l'on pourra faire, avec la connaissance des lois de la nature, ne tendront qu'à la justifier.

CHAPITRE XVI.

—

LES GLOBES AÉRIENS.

Le mouvement de la terre est-il suffisamment prouvé? Si la terre tourne, nous parcourons 4,000 myriamètres (9,000 lieues) par jour, 166 myr. 2/3 par heure, et 2 myr. 7,775 mètres (6 lieues 1/4) par minute. A une telle vitesse, comment nos habitations et les arbres ne sont-ils pas renversés par le choc des airs, car ils ne sont pas frappés sans retentir et sans nous faire sentir leur puissance? Le mouvement de la terre ne pouvant être contesté, il est évident qu'elle entraîne une masse d'air qui forme un globe autour d'elle et suit son cours d'occident en orient. La nécessité la plus absolue nous impose cette croyance.

Ce globe aérien, qui compose notre atmosphère, doit s'élever à une hauteur prodigieuse, en raison de l'étendue de la terre et de l'élévation de ses montagnes. Il doit aussi se restreindre à mesure qu'il s'approche des pôles, où la terre présente une moindre surface. Les physiciens ont, avec justesse, reconnu cette atmosphère qui accompagne le tour de la terre, mais ils n'ont pas bien jugé de sa grandeur, et le vide, que quelques-uns avaient supposé vers les hauteurs de l'espace, contre toute raison, ne leur permettait pas d'en reconnaître les effets.

J'ai dit que les corps placés dans l'air se rendaient toujours vers l'espace le plus dilaté; ainsi, lors de la création, les corps opaques devaient être emportés dans l'atmosphère des globes solaires indépendamment de toute attraction; mais ces corps, en se dirigeant vers les soleils, ont dû recevoir leur mouvement de rotation, qui aura suffi pour étendre autour d'eux un globe aérien, et donner des limites à leur essor.

Quant aux soleils, il est à présumer que le corps opaque le plus voisin en est encore à une assez grande distance pour que l'extrémité de leurs atmosphères ne puisse se toucher. Ces astres, qui sont la cause des mouvements, n'en recevraient donc pas des globes terrestres; mais le Créateur a donné au feu un mouvement intrinsèque, qui ne cesse que lorsque ce fluide est devenu captif de la matière; il a pu, en outre, imprimer aux globes solaires un cours sur eux-mêmes constant et régulier, comme il a donné à leur essence le mouvement intrinsèque.

Par ce principe actif, qui est dans sa flamme,

et surtout par l'émission de ses rayons, le soleil donne la mobilité aux corps opaques de sa sphère ; il les enceint de toutes parts, exerce constamment sur eux une pression forte par le nombre de rayons qui les frappent, et les oblige ainsi à recevoir le mouvement de rotation qu'il subit lui-même. Cette force physique est incontestable, et, comme je l'ai déjà observé, elle nous présente assez clairement la cause du mouvement diurne.

Les globes opaques, qui présentent au soleil une plus grande masse d'eaux étendues à leur surface, doivent, par exception aux lois de la grandeur et de la distance, tourner plus lentement, parce que les rayons solaires, frappant une plus grande partie liquide, ne peuvent qu'avoir moins de puissance sur eux. La lune, dont le mouvement diurne ne s'achève qu'en 28 jours, est de ce nombre. On voit toujours avec plaisir ce visage ami qui nous apparaît au milieu des eaux immenses qui couvrent une grande partie de la surface de son disque, et qui ont sans doute été destinées à nous réfléchir les rayons solaires. Ce visage humain, que sa forme et les ombres de la nuit rendent si mélancolique, suffirait pour nous prouver que l'univers n'est pas l'œuvre du hasard, car son sourire bienveillant semble nous attester que l'Éternel a placé à dessein cet astre près de nous, pour embellir nos paysages de sa clarté charmante, et donner plus de chaleur à la terre.

Les observations faites sur le soleil qui nous éclaire ont fixé sa rotation à 25 jours. On dit sa circonférence de 446,112 myriamètres. Si telle est sa dimension, son tour sur lui-même est près de cinq fois plus rapide que celui de la terre, puisqu'à la même vitesse il lui faudrait environ 111 jours pour l'achever. Mais quelle que soit son étendue, ainsi que la rapidité de son cours, il il a dû s'entourer pareillement d'un globe aérien.

Le mouvement devenu général, tous les corps opaques ont tourné sur leur axe avec une rapidité proportionnée à leur grandeur et à leur éloignement des soleils, en exceptant toutefois, ainsi que je viens de le dire, ceux dont la surface présente une plus grande masse d'eaux. Le globe aérien les a tenus et les tiendra constamment à leurs distances respectives, et le contact des rayons solaires, qui a été la cause première de leur rotation, suffira pour perpétuer ce mouvement universel.

Si le mouvement de la terre était suspendu, les mers s'élanceraient avec impétuosité; et, le globe aérien poursuivant son cours, tous les êtres vivants seraient détruits en un instant, les terres végétales bouleversées, les arbres emportés comme une paille légère, et les rochers même arrachés de leur base ; une minute suffirait peut-être pour faire de la terre un vaste tombeau ; mais l'ordre de l'univers repose sur des lois immuables ; aucune puissance physique ne pourra en déranger une seule partie, et il subsistera dans toute sa perfection jusqu'à ce que l'Éternel en dispose différemment.

Je n'ai pas eu l'avantage d'apprendre l'astronomie, ni d'avoir des télescopes pour observer les astres, et je ne prétends pas m'élever contre le système de Copernic, généralement adopté. En faisant voyager les planètes dans une vaste sphère, et dans de grandes orbites autour du soleil, il a satisfait à tout ce que l'imagination pouvait désirer, et sans doute à la vérité. Ces globes paisibles s'approchant en chœur, et s'éloignant tour à tour, comme en cadence, de l'astre qui les vivifie, présentent un système plein de grâce et de majesté. Cependant, lorsqu'on fait parcourir annuellement à la terre une orbite de 95,930,760 myriamètres (10,951 myriamètres ou 24,640 lieues par heure), on peut en être surpris. La compression des airs est grande, surtout vers la partie qui forme l'enceinte de notre atmosphère. MM. les astronomes n'ont pas fait mouvoir de même le firmament et toutes les étoiles ; c'était bien assez de nous montrer les planètes en mouvement dans un cercle immense, sans ébranler les airs des régions extérieures.

La présence permanente des constellations con-
nues ne leur a pas fait restreindre l'orbite de la
terre ; ils ont dit que les distances parcourues
n'étaient pas sensibles à nos regards à cause de
l'éloignement des étoiles. Mais cette observation
ne saurait suffire : trois heures de la nuit nous
font parcourir 500 myriamètres (1,125 lieues)
d'occident en orient, et les étoiles se sont suc-
cédé sur nos têtes ; les premières sont déjà aux
bords de l'horizon, et cependant ces 500 myriamètres ne sont que le 8e du cercle. Or, si la terre
parcourait 10,951 myriamètres (24,640 lieues)
par heure dans son orbite, il est certain que
chaque nuit amènerait un nouvel ordre dans les
cieux. Un cours en ligne directe et un cours or-
biculaire, même dans un court espace, ne peuvent que présenter un aspect différent au jugement de l'œil ; mais à quelque distance que nous
soyons des étoiles, un cours de 10,951 myriamètres par heure ne lui serait certainement pas
insensible. Les constellations semblent, il est
vrai, s'éloigner et se rapprocher de nous tous
les ans, mais à une distance peu considérable,
et le balancement des pôles peut contribuer à
cet effet.

Il est doux de voir les satellites suivre paisiblement leur cours autour de leurs planètes pour
leur réfléchir la chaleur et la lumière ; mais l'orbite qu'ils parcourent n'est pas d'une grande

étendue, et il est visible que l'on a donné trop d'extension à celle de la terre.

On voit, par cet ordre digne de la puissance divine, que la terre placée dans un orbe aérien très-étendu se meut avec lui, et achève sa rotation en 24 heures. Cet orbe est dilaté à la surface de la terre, mais il va se comprimant de plus en plus jusqu'aux bords de sa circonférence. Les airs et les globes opaques étrangers ne peuvent en conséquence causer aucune oscillation dans notre atmosphère. L'attraction d'un globe terrestre à un autre, si elle existe, et la dilatation du soleil sont des forces régulières qui ne peuvent également y apporter aucuns mouvements tumultueux. J'ai déjà observé que le fluide électrique et le feu qui le forme ont un mouvement d'ascension vers l'astre du jour : quoiqu'ils puissent produire des effets terribles lorsqu'ils sont réunis en abondance, leur cours s'opère de même avec régularité et paisiblement tant qu'une puissance supérieure à l'attraction ne vient pas le détourner. Il n'y aurait donc que les gaz et les exhalaisons de la terre qui pourraient causer quelques bouleversements; mais les vents les dispersent, et ne leur permettent pas de se réunir en masses considérables. D'ailleurs, les exhalaisons sulfureuses ne tardent pas à perdre le feu qu'elles renferment, et qui seul pourrait leur donner une force perturbatrice.

L'ordre de la nature est donc d'être *paisible* ;
et lorsqu'il s'élève des tourmentes dans les airs,
des tempêtes et des ouragans, il est évident qu'ils
appartiennent à la puissance céleste.

CHAPITRE XVII.

L'ÉLECTRICITÉ DES GLOBES AÉRIENS.

A la surface des corps opaques les airs sont raréfiés par la chaleur ; mais dans les régions supérieures ils se condensent ; et à la cime des globes aériens ils doivent subir une forte pression, et devenir presque compactes. C'est là le théâtre des grandes opérations de l'électricité : ces globes d'air d'une grandeur immense, en tournant rapidement, opèrent en quelque sorte, par la vitesse de leur cours, l'extrait du feu répandu dans l'espace. On l'appelle le *fluide électrique*. La physique expérimentale, en imitant ce phénomène dont elle ignorait l'existence, nous persuaderait aisément qu'elle a reçu cette science d'un hôte de l'empyrée.

J'attribue le fluide électrique au feu répandu dans l'espace, parce qu'il erre librement. Les rayons du soleil sont forts et élastiques ; ils traversent les corps transparents sans effort ; et si le cours de l'atmosphère leur enlève quelques parcelles, elles ne peuvent être considérables ;

la lumière étant plus légère et inséparable des rayons, doit en perdre encore moins.

Le feu des corps terrestres montre sa flamme lorsqu'il est réuni sur un point; celui de l'espace se rétablit de même en corps de flamme par la réunion qu'opère l'électricité.

Ce fluide errant librement est par conséquent susceptible de mélanges partiels dans ses couleurs, quoiqu'elles ne se confondent point; mais à l'électricité ces diverses couleurs se réunissent chacune à celles qui leur ressemblent, et forment ensuite des masses de flammes de même couleur assez considérables.

Je ne sais si le feu réuni par le cours rapide de l'atmosphère acquiert une essence supérieure à celle qu'il avait auparavant; ce qu'il y a de certain, c'est qu'il doit être d'une grande pureté, s'il est vrai qu'il serve à former la foudre.

Les flammes électriques diffèrent de couleur, et l'on peut penser qu'au même degré d'intensité elles n'ont pas toutes la même énergie. L'on accorde le premier rang de la beauté à la couleur pourpre, et la flamme de cette couleur pourrait bien être aussi la première pour la force et l'activité. Peut-être est-ce au choix que peut faire l'ange du Très-Haut parmi ces diverses flammes, comme au degré de compression qu'il peut leur donner, qu'on doit attribuer le plus ou moins de grandeur que l'on distingue parfois

dans les éclats de la foudre à la même élévation. Dans cette supposition, ses foudres les plus
sonores et les plus solennels seraient formés par
la flamme de couleur pourpre. Cette merveille
ne doit pas sembler plus extraordinaire que bien
d'autres; elle est au pouvoir du maître des éléments, et ses ordres sont toujours parfaitement
remplis.

Sans doute que dans les hautes régions, tout
le tour des globes aériens, les flammes électriques doivent jaillir en abondance, avec leurs
brillantes couleurs, telles qu'elles se montrent
vers les pôles de la terre. Les habitants du Nord
jouissent de ce spectacle, parce que les limites
de notre globe aérien, où s'opère ce phénomène,
y sont moins éloignées de nous, et cela nous
donne la cause certaine des aurores boréales.

En supposant 13,333 myriamètres (30,000
lieues) d'élévation au globe aérien sous l'équateur, à partir de la terre (ce que la grandeur du
corps terrestre et l'élasticité des airs peuvent
faire présumer), cela lui donne un diamètre
total de 27,939 myriamètres, en y comprenant
celui de la terre; et puisque nous parcourons
4,000 myriamètres en 24 heures sous l'équateur,
le globe aérien y en aura 87,798 à parcourir
dans le même temps. Cela ferait à peu près
3,658 myriamètres par heure, et 61 par minute
(137 lieues). Que l'on juge de la compression de

l'air, de la rapidité de son cours , et de la force de son électricité!

Les habitants des contrées septentrionales auraient des hivers tout à fait tristes et monotones, à cause de leur longue durée et de la densité de l'air, qui ne nous dispose jamais à l'allégresse; mais la Providence y abaisse souvent les flammes électriques, et ce spectacle si merveilleux ne peut que les ravir d'admiration. Ces masses de flammes de diverses couleurs, jouissant toutes d'une grande intensité, et s'élançant dans l'espace sous mille formes, avec l'éclat de la flamme éthérée, doivent présenter le plus brillant phénomène que l'imagination puisse concevoir.

C'est une époque mémorable pour nous lorsque l'aurore boréale descend sur notre horizon et se fait voir dans une grande beauté; mais si elle nous apparaît rarement, le fluide qui la compose se montre dans nos climats sous une autre forme. On pense que c'est de lui que la foudre reçoit son essence; et la course resplendissante, comme le roulement des sons de ce météore formidable , seront toujours le spectacle le plus imposant qui puisse être donné aux humains.

Lorsque ce fluide est légèrement comprimé, il répand des éclairs sans explosion, et le sein ténébreux des nuages qu'il sillonne si rapidement, nous laisse voir l'éclat éblouissant de ses feux. C'est ordinairement sur les montagnes qu'il donne des scènes d'un grand intérêt. Je l'ai vu une fois dans la plus solennelle magnificence : la journée n'avait pas été orageuse; cependant la foudre avait grondé majestueusement dans la région des nuages, et les tièdes ondées, qui hâtent la végétation, avaient arrosé les campagnes. Lorsque la nuit eut répandu ses ombres, les nuées paisibles qui erraient encore sur les hauteurs environnantes, y formèrent plusieurs arceaux assez étendus, presque d'égale grandeur, et d'une élégante architecture. Les airs, qui avaient conservé la douce température du jour, répandaient le calme et la joie dans les sens : on eût dit une grande décoration pour la fête des éléments, et une invitation de la nature à la contempler. Aussi bientôt des éclairs partis du sein des ténèbres profondes, s'élancèrent sur l'horizon; ils le parcouraient au loin avec leurs clartés soudaines, et cette irrégularité si vive que leur donnent, comme à la foudre, les flots de l'air amoncelés par leur course rapide [1].

[1] C'est sans doute cette compression subite de l'air qui détourne la direction de la foudre, en lui faisant décrire des angles presque toujours aigus; et si elle suit naturellement les courants d'air, c'est parce qu'ils lui présentent moins d'obstacles. Par un effet de la même cause, si un char lancé rapidement, perd l'équilibre, il est toujours en danger d'être renversé, parce que l'air qui se trouve alors sous la roue

D'autres, venus des nuages lointains, éclairaient
avec une grâce charmante les espaces qui lais-
saient entrevoir les régions supérieures. Quelques-uns s'échappaient des nuées et y remon-
taient soudain, tels qu'une légère apparition,
tandis que d'autres, suivis de l'épouvante, ve-
naient remplir tout l'espace d'un éclat enflammé.
Mais la scène s'ouvrit dans les arceaux, et c'est
là qu'elle fut merveilleuse : semblables aux por-
tiques d'un temple divin, ils étaient évidemment
destinés à recevoir la lumière de ces rivaux de
la foudre; ils y vinrent joyeusement, et s'y mon-
trèrent pendant près d'une heure avec cet air
radieux et prompt dont le pinceau ni le langage
des humains ne sauraient rendre toute la majesté. Ils s'y succédaient sans interruption, et se
divisaient en plusieurs gerbes de feux. En s'é-
lançant des bords de l'horizon, ils semblaient
sortir du sein de la terre, et en s'élevant sous
ces voûtes mystérieuses en divers rameaux, ils
représentaient des arbres étincelants, dont la
forme changeait aussi rapidement que la pensée.
Le tonnerre ne se faisait plus entendre; mais
ces enfants de l'électricité des airs brillaient de
toutes parts, et faisaient des courses si pittores-
ques, que tous les feux d'artifice ne sauraient
les égaler.

séparée de la terre se comprime et la repousse dans l'air
supérieur, ou la compression agit moins fortement.

Ainsi, chaque climat a ses charmes particuliers sous le rapport des scènes de la nature, et leur souvenir contribue toujours à nous faire aimer le sol de la patrie.

CHAPITRE XVIII.

--

LE CONCERT DES CIEUX.

A l'extrémité des globes aériens, il existe une autre merveille encore plus imposante, qui résulte de même de la nécessité. L'air étant sonore, et tous les globes aériens tournant avec rapidité au sein de masses d'air également comprimées, il doit s'en exhaler des sons de la plus douce et de la plus grande mélodie. Ceux de l'harmonica sont sans doute moins doux, parce que le verre n'est pas un corps aussi parfait, ni aussi sonore. L'air, fortement comprimé, doit devenir un corps presque solide ; et les molécules terrestres, qui pourraient altérer la douceur, la pureté et l'éclat de ses sons, n'entrent point dans son essence. Les sons doivent être variés suivant la grandeur et la rapidité des globes aériens. Or, quel concert immense et harmonieux doit se faire entendre dans tout l'espace de la création ! Les sons s'exhalant sans effort et se répandant au loin dans les airs, doivent être d'une harmonie que l'airain le plus pur ne saurait nous faire concevoir. Ce concert universel doit être aussi d'une variété toujours nouvelle, parce que les globes aériens diffèrent de grandeur, et suivent le mouvement des corps terrestres. Peut-être que des siècles entiers s'écoulent avant que les mêmes airs se fassent entendre de nouveau. L'imagination des hommes élèverait en vain ses conceptions, elle ne parviendra jamais à se représenter toute la grandeur de ce chef-d'œuvre de l'Éternel. Sans doute qu'il l'entend dans toute son étendue et dans toute sa beauté, car ses ouvrages n'excèdent pas sa puissance.

L'extrémité de notre globe aérien étant plus rapprochée de nous vers les pôles, il ne serait pas étonnant qu'une voix de ce concert y répandît sa douce mélodie; mais il n'est pas au pouvoir des hommes d'y parvenir pour l'entendre.

Ce concert ineffable, harmonieux, aussi incontestable que le mouvement de la terre, avait sans doute été porté par un songe mystérieux aux oreilles de Platon lorsqu'il nous a dit :

« Dans une région éclatante de lumière, huit « cercles brillants d'or, entrelacés les uns dans « les autres, sont suspendus au fuseau de la *Né-* « *cessité*, qui donne le branle à toutes les révo- « lutions célestes. Sur chacun de ces cercles iné- « gaux est portée une sirène qui tourne avec lui

« et qui chante à haute voix, mais sur un seul
« ton. Des huit tons divers que font entendre
« ces sœurs immortelles, se compose l'harmonie
« parfaite qui réjouit éternellement les oreilles
« des dieux. »

Le saint homme Job a dit aussi, chapitre 38 :
Concentum cœli quis dormire faciet? Qui fera
taire le concert du ciel? Et les temps modernes,
par l'électricité du verre et par l'harmonica dont
les sons s'exhalent sous la main, nous ont donné
une allégorie parfaite des merveilles opérées
autour de nous par les globes aériens.

CHAPITRE XIX.

—

SPECTACLE DE LA CRÉATION POUR LES AMES.

J'ai réfléchi quelquefois sur les âmes, et je me suis dit :

Cet être condamné à passer quelques années sur la terre dans un corps, l'a été sans-doute pour acquérir quelque mérite auprès de l'Éternel. Puisqu'il est appelé à l'immortalité, il aura toujours la jeunesse en partage ; son intelligence et sa mémoire auront été proportionnées aux siècles sans fin qu'il a à parcourir. L'âme assurément n'est pas une ombre débile : elle a dû recevoir une grande perfection dans ses organes, et la matière n'aura point servi à les composer ; sa force doit être bien supérieure à celle de nos bras, sa vue infiniment plus perçante que celle de nos yeux, et sa voix de la plus grande harmonie, car les concerts doivent se faire entendre souvent au séjour des heureux. Les âmes recevant les sons sans la médiation d'un organe matériel, doivent les percevoir au loin dans toute leur grandeur ; elles doivent aussi traverser l'espace avec la rapidité de l'éclair; et le Créateur les aura douées d'une haute raison, puisqu'elles vont habiter le séjour de la paix. En se montrant avec nos organes, nos yeux, notre voix, et tout ce qui compose l'être de l'homme, elles nous ont donné la certitude de leur existence, et, en redevenant invisibles, elles nous ont appris que leur essence est transparente. Elles ont sans doute d'autres avantages; Dieu en les créant leur donna une parcelle de ses attributs, ce qui fit dire au législateur des Hébreux, que Dieu avait fait l'homme à son image.

A présent, que l'on se figure le ravissement des âmes, ces êtres si sensibles et si intelligents, lorsque après avoir essuyé les peines de la vie, et vécu suivant les lois divines, elles s'élancent dans l'espace, avec leurs vêtements aussi brillants que la flamme céleste, pour entrer en possession de l'immortalité bienheureuse. Si, malgré leur transparence, les âmes se voient et se reconnaissent, elles ont certainement la faculté de voir les mouvements de l'air et les couleurs de la lumière. Ces deux éléments doivent leur offrir des scènes d'un grand intérêt : l'air par ses énormes ondulations, que les vents élèvent toujours dans leurs courses impétueuses, et la lumière par son éclat qu'elles n'avaient pas encore vu dans toute sa beauté. La flamme qui constitue notre globe solaire étend dans l'espace des rayons bien moins intenses qu'elle, et les rayons répandent une lumière encore plus légère. Par leur agrégation, ces trois essences n'en forment qu'une seule, qui remplit la sphère du soleil, et présente dans toute son étendue, au regard des âmes, les couleurs diaprées que nous ne voyons qu'à la faveur du prisme[1]. Les globes solaires n'ont pas tous les mêmes couleurs, et la lumière qu'ils répandent dans leurs sphères respectives diffère en conséquence. Le mouvement des corps célestes doit aussi, comme pour le concert des globes aériens, amener des changements dans la disposition générale des sphères colorées. Cet ordre merveilleux de la lumière, avec la couleur violette de l'air, qui domine dans l'enceinte de la création, doit faire de l'espace un temple éminemment religieux et rayonnant

---

[1] Les couleurs diaprées remplissent entièrement la sphère du soleil; on peut s'en assurer en faisant réfracter la lumière solaire par un prisme assez large, placé au fond d'une caisse polie, haute d'environ trente centimètres, et présentant une ouverture plus grande que le fond. La lumière du jour s'y réfracte aussi, mais dans la caisse, après avoir traversé le prisme en venant de l'extérieur; et l'intensité des couleurs diaprées qu'elle nous montre est proportionnée à la légèreté de son essence. En traversant le prisme elle nous atteste en même temps qu'elle exerce une pression sur les corps, et doit conséquemment y répandre du calorique, ainsi qu'on l'a vu dans le chapitre xiv.

d'éclat, une région toujours nouvelle, dont les sens ne sauraient concevoir la grandeur et la magnificence ; et il est sans doute aussi analogue à la vue des âmes que la lumière du jour l'est à celle de nos yeux. Combien ce spectacle si enchanteur et si solennel doit les ravir d'admiration ! Il leur annonce, par son immensité, la puissance de l'être souverain à qui les plus grandes merveilles n'ont rien coûté, et il apprend à ceux qui sont encore sur la terre, quel respect ils doivent avoir pour l'avenir de leurs âmes, puisque la tendresse paternelle du Créateur de l'univers les a appelées à une aussi haute destinée, et à jouir éternellement de tant de bienfaits ! Elles n'ont sans doute pas quitté cette terre, qui les vit sortir du néant pour arriver à l'existence, sans lui faire leurs adieux les plus attendrissants ; et lorsqu'elles voient ses habitants emportés par son mouvement de rotation, passer devant elles aussi rapidement que l'éclair, et ne reparaître le lendemain qu'après avoir laissé un grand nombre d'entre eux dans le sein de l'éternité, avec quel dédain mêlé d'indignation ne doivent-elles pas regarder les vains plaisirs du monde, et quelle doit être leur joie d'avoir consacré ce court espace de la vie terrestre à conquérir l'immortalité bienheureuse !

Si l'existence des iris dans l'espace est une réalité, comme on peut le croire, quel enchantement pour les âmes, qui ont toujours l'enthousiasme de la jeunesse, de se voir au milieu de ces couronnes rayonnantes qui vont s'agrandissant de distance en distance ! Avec quelles délices elles doivent parcourir cette enceinte, dont les bords colorés les environnent comme un berceau radieux, destiné à les guider vers l'astre du jour ! Elles les ont sans doute salués comme le gage de la couronne d'immortalité qui leur fut promise, et comme le présage des merveilles, dignes d'un Dieu tout-puissant, qui les attendent au séjour du bonheur.

Quel spectacle ravissant s'offre à leurs regards lorsqu'elles arrivent à la hauteur des globes aériens, et qu'elles peuvent contempler cet horizon immense resplendissant de flammes électriques, qui rayonnent des plus vives couleurs, et s'élancent en gerbes de feux dans les régions supérieures et dans tous les sens ! Comme elles doivent tressaillir d'une joie profonde lorsqu'elles entendent ce concert si doux et si harmonieux des globes aériens ! Combien ces accords nouveaux, aussi sublimes par leur beauté que par leur grandeur, doivent retentir mélodieusement autour d'elles, car les âmes ont la vie partout ; tout leur être voit, tout leur être entend !

Mais lorsqu'elles se présentent devant le soleil, ce globe si vaste et si éblouissant, qu'elles le voient suspendu dans l'espace, tournant majestueusement en répandant au loin l'éclat de sa lumière, combien tant de splendeur doit les pénétrer d'une vive admiration et d'un profond respect pour leur créateur ; car c'est sur le front de cet astre qu'il a empreint par excellence sa puissance et sa grandeur ! Quel spectacle plus imposant que celui de voir ses rayons, étincelants de couleurs si pures, former un embrasement immense à ses alentours, remplir l'espace de leurs faisceaux enflammés, et suivre son cours en tournant avec lui sans se confondre !

Les étoiles, en nous éclairant constamment d'un vif éclat, nous apprennent qu'elles sont autant de globes solaires que l'Éternel a placés dans l'espace pour chasser les ténèbres. Le soleil qui vivifie la terre, est riche en couleurs, et les étoiles doivent l'être pareillement. Lorsqu'on les considère sous un ciel serein, on en distingue qui diffèrent de couleur, ainsi que l'astronomie l'a reconnu ; et comme le fluide électrique n'est que l'extrait du feu solaire, il doit toujours paraître avec les couleurs de l'astre dont il émane. Cette différence de couleurs dans les astres et dans les flammes électriques, qui remplissent respectivement l'espace de leurs sphères, est sans doute aussi une des grandes merveilles des cieux.

Les âmes, qui se trouvent sous le dais rayonnant des étoiles, doivent les voir beaucoup plus grandes que nous ne les voyons d'ici-bas ; et par la faculté qu'elles ont de voir de toutes parts, elles jouissent de ce brillant spectacle dans toute la circonférence de l'espace visible. Tous les globes étant sphériques, des rayons de chaque étoile viennent se réunir sur elles comme pour fêter leur présence, et leur apprendre la grandeur de la création. L'éclat divers et si doux des astres nombreux qui les entourent ne peut que leur inspirer une joie ineffable et continuelle. Il n'est pas sans intérêt pour les habitants de la terre : la plus riante verdure et les plus belles fleurs ne reposent pas la vue aussi agréablement que la contemplation d'un ciel étoilé ; elle répand toujours le calme dans nos sens, donne l'élévation à nos pensées, et la force à notre raison.

Ainsi le spectacle si varié de la lumière, le concert des cieux, et l'organisation des globes opaques, nous attestent également qu'ils sont l'ouvrage d'une puissance infinie.

Élevons donc nos regards vers le ciel ; c'est là le séjour du bonheur comme de la lumière. Nous verrons un jour les merveilles sans nombre que le Créateur a préparées à ses enfants. S'il a décoré si richement l'espace solitaire, il aura bien su embellir l'asile des justes. Il est notre père ; heureux ceux qui demeurent au nombre de ses enfants, car il est assez puissant pour leur donner un bonheur éternel, digne de sa grandeur et de sa bonté. Il y a sans doute des lois dans le ciel comme sur la terre ; mais ces lois sont paternelles et justes, parce que sa sagesse est aussi parfaite que sa puissance est infinie. Le bonheur qu'il nous destine sera sans mélange d'adversités ; aussi il veut être aimé et honoré comme le plus tendre des pères ; et Jésus-Christ nous a appris que nous devons l'aimer de toute notre âme, de tout notre esprit, de tout notre cœur. Il a fait ses lois pour nous, et nous sommes faits pour ses lois ; ce n'est que dans leur observance que nous trouverons le bonheur ; jamais on ne l'a trouvé ailleurs, tant ses décrets sont en harmonie avec l'existence qu'il nous a donnée. Nous devons l'aimer par reconnaissance, et le bénir chaque jour, puisqu'il nous a promis l'immortalité bienheureuse ; bienfait immense, parce qu'il sera sans fin, et qu'il nous associe en quelque sorte à sa puissance.

Celui qui consacre sa vie à l'aimer, à l'honorer, et à faire parmi nous tout le bien qu'il a prescrit, est le plus heureux des hommes ; ses jours pleins et sereins ne connaissent pas l'amertume ; ses enfants le chérissent et le respectent, parce qu'ils savent que tous les honneurs et toutes les attentions d'un bon fils ne peuvent les acquitter envers lui du bienfait d'une existence appelée à l'immortalité. Il les a toujours instruits avec tendresse de leurs devoirs par ses paroles et par sa conduite. L'instruction d'un bon père n'a que d'heureux fruits; et lorsque la Providence a marqué la fin de sa carrière, il a la douce satisfaction de ne quitter le monde qu'en lui laissant des justes pour successeurs.

Ainsi, n'oublions jamais la grandeur de notre destinée future; passons les jours de notre vie dans l'innocence et dans la justice, afin que nous arrivions au terme de notre course sans avoir des reproches amers à nous faire, parce que les jours de notre existence sur la terre doivent être éternellement présents à notre souvenir comme l'époque solennelle de notre arrivée à la vie.

LA VUE.

Depuis Galilée jusqu'à nos jours, les arts et les sciences ont été cultivés avec succès ; la physique, surtout, nous a montré des prodiges signalés, et j'ai encore été assez heureux de donner la cause des aurores boréales, la preuve d'un concert dans l'espace, et le berceau de l'arc-en-ciel. On a vu la force qui tient les globes à leurs distances respectives, et l'on ne craindra pas qu'ils se heurtent dans l'espace, ni que la terre tombe dans l'atmosphère du soleil, par défaut d'ordre dans les lois de l'univers. Je me qualifie du titre d'heureux, parce qu'il est agréable d'être utile aux hommes. J'ai encore à leur apprendre une autre merveille qui ne sera pas sans intérêt pour eux ; elle est dans notre organisation visuelle, et l'un de nos plus beaux priviléges.

Ce mystère m'occupait un jour, et je me demandais comment il pouvait se faire que les objets et les mouvements fussent représentés aussi fidèlement par une glace. Regardant comme une chose impossible que ces images fussent l'ouvrage de l'air ou de la lumière, je pensai que des rayons partaient du sein de l'œil, et qu'ils avaient la faculté de se réfléchir tout aussi bien que ceux du soleil.

Nos yeux ont assez d'éclat pour croire qu'ils renferment une flamme lumineuse, quoique d'une nature différente de celle du feu. Elle voit les objets à la faveur de la transparence de l'air et de la clarté de la lumière, sans que celle-ci soit obligée de les venir peindre sur la rétine.

Lorsque nos regards embrassent à la fois une grande étendue de la terre et de l'espace, il est d'une impossibilité physique que la lumière puisse retracer un tableau aussi immense sur un espace aussi étroit que cette partie de l'œil.

La flamme de nos yeux a des rayons transparents et élastiques, semblables à des tubes légers, dans le sein desquels sa vue se prolonge dans toute leur longueur. Ces rayons dirigent toujours leurs regards en avant; voilà pourquoi nous ne voyons pas derrière nous. Cela annonce que la vue qu'ils renferment ne se manifeste parfaitement qu'à l'extrémité des rayons. Ces messagers de la flamme de l'œil vont l'assurer, en quelque sorte par le toucher, de la vérité de sa vue, lorsque les objets qu'elle considère ne sont pas trop éloignés. En prouvant leur réflexion, qui ne peut s'opérer que par le contact, il sera

évident que chaque rayon est un corps réel, et
qu'il peut, en conséquence, toucher les objets.
Par le faisceau qu'ils forment sur l'œil, ces rayons
protégent la vue; car il est à croire que sans eux
nous ne pourrions soutenir l'éclat de la lumière;
cela arrive lorsqu'une humeur s'épanche sur la
prunelle : les rayons ne s'étendent pas au dehors,
et le grand jour nous oblige à fermer les yeux.
Par leur extension, les rayons nous font embras-
ser une plus grande étendue de l'espace, et les
limites de cette étendue s'arrondissent ordinairement à nos regards, parce que la vue se trouve
toujours plus ou moins au centre des campagnes
qui l'environnent.

Les rayons visuels sont inséparables de nos
yeux; ils rentrent dans leur foyer dès que nous
abaissons la paupière, et lorsqu'ils aperçoivent
un objet, nous le voyons aussi. Cette faculté nous
est inhérente, parce que nos yeux et leurs rayons
font partie de nous-mêmes. La lentille biconvexe
nous prouvera, aussi bien que la glace, que les
rayons s'élancent au dehors ; que cependant ils
n'ont pas besoin de toucher les objets pour les
apercevoir, et que, par conséquent, ils voient
au delà de l'espace où ils peuvent atteindre.

La vue est dans l'œil, et elle se manifeste du
dedans au dehors. Il est à présumer qu'elle voit
indépendamment de ses rayons; mais ceux-ci,
ainsi que je l'ai observé, lui donnent de l'exten-

sion, et plus ils sont longs, plus elle s'étend au loin. Sa faculté de voir le soleil et les étoiles aussi promptement que la pensée, dès que nous soulevons la paupière, est toute spirituelle, au-dessus de notre intelligence, et il ne se présente point de cause physique pour nous la faire com-prendre. Le goût, l'odorat et l'ouïe s'expliquent par le toucher des aliments, des émanations odoriférantes, ou des sons qui viennent les frap-per ; mais la vue ne touche point les astres qu'elle nous fait considérer. On ne peut également lui assigner des limites, parce que, s'il existait un soleil assez grand pour être vu à une distance cent fois plus éloignée que celle des étoiles, il se manifesterait à nos regards avec la même rapi-dité ; nous verrions son disque même et non pas son ombre. Lorsque nous considérons une mon-tagne dans le lointain, c'est la montagne elle-même que nous voyons à la distance où elle se trouve, et ce n'est point son ombre par consé-quent. Puisque la vue est dans l'œil, et qu'elle s'élance au dehors, il n'est pas besoin que la lumière vienne lui retracer les objets. Les oiseaux qui sont organisés de manière à voir plus clair la nuit que le jour, le prouvent en quelque sorte, parce qu'alors la lumière du jour est ab-sente, et ils n'ont que celle des étoiles, que les nuages peuvent encore intercepter.

Nos yeux ne voient pas notre visage, parce

qu'ils y sont placés de manière à ne pouvoir le considérer; mais s'il y a devant eux un corps poli et transparent, tel que l'eau ou une glace, leurs rayons se dirigent sur ce corps, se retournent vers nous, considèrent notre visage, et nous le voyons en même temps qu'eux.

Les corps polis qui ne sont pas transparents n'opèrent qu'une faible réflexion; mais ceux qui ont la transparence, tels que le verre, et qui sont étamés, se remplissent de lumière, et son éclat, qui est répulsif parce qu'il éblouit, oblige puissamment la pointe des rayons, où se développe la vue, à se détourner pour l'éviter. J'ai dit que la vue des rayons ne se manifeste parfaitement qu'à leur extrémité : quand on se regarde à une glace on n'en voit pas le verre, parce que la pointe des rayons, en se retournant vers nous, n'est plus vis-à-vis de ce réflecteur pour le considérer, tandis que les rayons tombés sur le cadre s'y arrêtent, et nous le voyons. La vue ne se manifeste donc pas dans la partie du rayon qui touche la glace, mais vers la pointe qui s'est repliée, et qui se trouve alors vis-à-vis de nous. Nous ne voyons pas le verre de la glace : et cela prouve encore l'existence des rayons visuels, parce que si la vue était nue, c'est-à-dire, si elle n'était pas renfermée en grande partie dans des rayons, la réflexion ne lui empêcherait pas d'apercevoir le verre.

Une glace polie, épaisse et cristallisée, réfléchit parfaitement, tandis qu'un miroir fait d'une lame de verre mince, telle que celle de nos vitres, appauvrit le visage et surtout le teint. Ce miroir renferme moins de lumière, et les rayons visuels moins éblouis ne reviennent pas tous vers nous. Ainsi, pour bien voir les objets, il est nécessaire que la prunelle de l'œil soit nette, afin que tous ses rayons puissent s'étendre au dehors; et si on les considère par la réflexion d'une glace, il faut que ce réflecteur, par son éclat intérieur, comme par son poli, oblige tous les rayons à se détourner. C'est ce retour qui constitue la réflexion.

Lorsque nous sommes devant une glace, nous croyons voir notre ressemblance derrière la glace, à la même distance qui nous sépare d'elle : ce sont les rayons de notre vue eux-mêmes qui, sans être séparés de nous, vont se réfléchir sur la glace pour revenir vers nous et nous considérer; ils se portent en même temps vers les objets qui nous entourent, car la forme arrondie et convexe du globe de l'œil leur donne une extension qui va toujours en s'agrandissant.

Avec un miroir plan et un miroir convexe, disposés de manière à ce que l'un reçoive les rayons visuels et les transmette à l'autre, on obtient un phénomène intéressant : alors le miroir plan montre le visage grossi, et le miroir convexe fait voir le visage ordinaire. Ce dernier visage paraît comme dans l'ombre ; il est représenté par les rayons qui tombent sur le miroir convexe, et vont se réfléchir sur le miroir plan pour revenir vers nous. Il paraît comme dans l'ombre, parce que le miroir convexe, en écartant les rayons par sa forme, n'en réfléchit qu'un petit nombre sur l'autre miroir. Le visage qui paraît dans l'ombre prouve en même temps que celui qui n'aurait pas le nombre de rayons nécessaire se verrait dans l'obscurité en se regardant devant une glace, tandis que, hors de là, il serait toujours ébloui, même par le jour le plus faible, parce que les rayons protégent la vue, ainsi que je l'ai déjà observé, et peuvent seuls présenter notre image par la réflexion.

Comme les rayons du soleil, ceux de la vue suivent une ligne droite et forment des angles suivant la position de la glace. Placés même dans l'éloignement, si nous faisons quelques mouvements devant une glace, nous les voyons à l'instant même, sans le laps d'une seconde. Cette représentation soudaine est parfaite ; jamais l'air ni la lumière ne seraient assez prompts pour venir peindre ces mouvements dans nos yeux. Ces deux éléments n'ont pas assez de liberté, et il est contraire à la raison de leur supposer la puissance de nous retracer les objets avec leurs couleurs lorsqu'ils sont en mouvement ; cette faculté ne peut appartenir qu'à un organe faisant partie d'un être intelligent, et destiné à cette fonction par sa nature. La lumière ne pourrait nous représenter les objets que par sa réflexion, ou par l'ombre des corps qui se trouvent sur son passage : mais sa réflexion, qui a lieu vers les objets éloignés, ne peut arriver jusqu'à nous, parce que l'angle de réflexion est égal à l'angle d'incidence; quant à l'ombre des corps, elle est toujours brune, et ne s'étend pas au loin pareillement. La lumière n'est pas comme l'air susceptible d'ébranlements par couches successives; les corps opaques qui traversent l'espace qu'elle éclaire suspendent certainement son essor, et, si on l'oblige à se réfléchir, elle change de direction. Mais dès que le réflecteur n'y est plus, son élasticité la ramène à l'instant, sans qu'elle reçoive de ce déplacement aucun mouvement vibratoire; différemment, ainsi que les ombres l'attestent, elle reste immobile, sauf son cours ordinaire. Elle est tout aussi inébranlable au souffle des vents que les rayons solaires, et par conséquent, dans l'impuissance de nous représenter avec leurs couleurs aucuns objets éloignés ou voisins, en repos ou en mouvement.

Lorsque nous sommes arrivés vers le milieu du jour, la lumière éclaire nos contrées en se dirigeant directement du midi au nord, et les ombres s'étendent nécessairement dans la même direction : ainsi, en supposant encore que la lumière puisse apporter dans l'œil l'ombre des corps, les montagnes, et même les objets les plus rapprochés de nous du côté du nord, nous seraient absolument invisibles, à moins de changer l'ordre de la réflexion, ou de faire rebrousser les ombres, ce que l'on n'a pas encore vu. Cette raison est évidente, et démontre l'absurdité du système visuel admis jusqu'à présent.

Au surplus, si la lumière traçait notre ressemblance, elle ne pourrait pas nous la faire voir derrière la glace, parce que celle-ci nous en intercepterait la vue. Or, comme nous nous voyons à une distance double de celle qui nous sépare de la glace, il reste parfaitement prouvé que c'est par les rayons visuels arrivés vers la glace, qui se sont retournés vers nous pour nous considérer. Ils ont décrit un angle d'incidence et un angle de réflexion, et c'est ce qui leur a fait parcourir cette double distance. La vue qui se manifeste à l'extrémité des rayons, est donc la première à apercevoir notre visage, et elle nous transmet sa vision par l'angle d'incidence, qui est direct à la glace. La vue des rayons faisant partie de celle qui est dans l'œil, la transmission visuelle s'opère sans aucun intervalle de temps sensible; nous nous voyons par conséquent de l'endroit, et à l'endroit où nous sommes, à la distance parcourue par la vue. Il en résulte que la vue des rayons n'est point séparée de celle de l'œil, d'où elle est partie ; si elle en était séparée, elle ne pourrait pas nous représenter à cette double distance. La vue réfléchie est donc inhérente à l'œil, et elle ne peut l'être que par des rayons formant un corps réel.

Lorsqu'on regarde, par réflexion d'une glace, un objet placé latéralement, on le voit néanmoins devant soi, et toujours à la distance qui se trouve entre nous et l'objet, en suivant la ligne des rayons visuels dirigés sur la glace. On le voit devant soi, parce que c'est par la vue qui est dans le rayon visuel, qui part directement de l'œil vers la glace, et nous le fait voir par la même direction, c'est-à-dire par l'angle d'incidence. Ainsi, tous les angles que pourraient former les rayons sur diverses glaces, ne changeraient pas cet ordre. C'est ce phénomène qui nous a fait voir, dans l'expérience précédente, un visage ordinaire sur le miroir convexe et un visage grossi sur le miroir plan.

Les animaux n'ont pas comme nous l'avantage de la réflexion de la vue : j'ai mis plusieurs fois de jeunes chiens et de jeunes chats en présence d'une glace, et ils n'ont jamais manifesté la surprise de voir leur semblable. On peut en conclure que leurs rayons visuels sont très-courts, ou qu'ils en sont entièrement dépourvus et qu'ils ont une organisation particulière pour supporter l'éclat du jour. Aussi leur vue est infiniment plus limitée que celle de l'homme ; on n'a jamais vu un animal lever la tête pour considérer le ciel, ou les objets placés dans l'éloignement. L'homme seul peut contempler l'immense étendue de la création, et cet avantage lui apprend assez la grandeur de sa destinée future.

Nous voyons toujours les objets tels que nos rayons visuels les voient lorsqu'il n'y a aucun intermédiaire entre ces objets et nous. S'ils sont éloignés, ils ne se montrent pas dans toute leur grandeur, parce que les rayons de la vue, s'écartant à mesure qu'ils se dirigent au loin, ne les considèrent qu'en petit nombre. Lorsque nous regardons le soleil à son zénith, l'éclat qu'il répand sur nos yeux oblige un grand nombre de rayons visuels à rentrer dans leur foyer, voilà pourquoi il nous paraît alors moins grand qu'à son lever ou à son coucher. Dans ces moments du matin ou du soir, il y a moins de splendeur dans l'espace, et les rayons visuels moins éblouis peuvent le regarder en plus grand nombre.

En faisant des lunettes avec un tuyau de verre, poli dans l'intérieur et étamé extérieurement comme une glace, on peut présumer que l'on obtiendrait l'avantage de voir les objets plus distinctement, et à une plus grande distance, parce que les rayons visuels auraient plus de force par leur réunion, et les regarderaient en plus grand nombre.

Le Créateur a donné à nos yeux la forme nécessaire et un nombre de rayons suffisant pour voir les objets dans leur grandeur réelle, lorsqu'ils ne sont pas trop éloignés; mais cet avantage cesse dès que les rayons ne peuvent les voir qu'avec un intermédiaire qui n'est point proportionné à cette justesse. Lorsque nous regardons un objet au travers d'une lentille biconvexe, chaque rayon est élargi à son entrée, et la sortie, qui tend aussi à l'écarter, ne peut le ramener à son état naturel. L'objet paraît alors plus grand qu'il ne l'est en effet, parce que chaque rayon élargi aperçoit cet objet avec l'extension qu'il a acquise en traversant le verre convexe. Par une conséquence de cette faculté, une lentille biconcave diminue à nos regards la grandeur des objets, parce que chaque rayon se trouve rétréci.

Les rayons solaires qui sont revêtus de l'arc-en-ciel ne montrent ce phénomène qu'après la réfraction, et ceux de nos yeux, pour voir les couleurs de la lumière, ont besoin eux-mêmes de se réfracter. Ainsi, lorsqu'on tient un prisme devant les yeux, la pointe des rayons le pénètre, de sorte que leur partie visuelle se trouve à l'abri de l'éclat de la lumière qui leur empêchait de voir ses couleurs; alors ils la contemplent dans sa beauté, et nous la représentent fidèlement, car ils ont le pouvoir de nous montrer une image en réalité, comme nous le verrons par les effets de la lentille biconvexe.

J'ai observé que nous voyons les objets tels que nos yeux les voient lorsqu'il n'y a aucun intermédiaire entre ces objets et nous; mais actuellement, les rayons de la vue aperçoivent les couleurs de la lumière par réfraction; cet avantage ne nous est pas direct en quelque sorte, et les rayons visuels, obligés par leur nature de nous communiquer la vue de ces couleurs, nous les retracent en grand ou en petit, suivant l'étendue qui est à leur disposition dans le prisme où ils se trouvent placés, et suivant la proximité des corps sur lesquels ils semblent nous les représenter. Ils nous montrent toujours ces couleurs en arc, malgré la forme droite du prisme, parce qu'ils décrivent un cercle dans leur extension; ils nous les montrent du sein même du prisme, parce que, s'ils le traversaient entièrement, ils retrouveraient à leur sortie l'éclat du jour, qui ne leur permettait pas de les voir. Nous ne les voyons donc que par l'image que nous en donnent les rayons de la vue. Si l'on considère avec le prisme un papier chargé d'écriture, chaque caractère se revêt des diverses couleurs; cet ordre si resserré, qui n'est point dans la lumière, nous prouve qu'on ne les voit que par représentation. Le prisme en fournit une autre preuve : en le tenant horizontalement, ensuite perpendiculairement, il présente toujours les couleurs suivant cette direction. Cela annonce que les rayons visuels l'ont pénétré, puisqu'ils sont obligés de suivre ses mouvements ; et l'existence de ces rayons, comme formant un corps réel, se trouve assez clairement prouvée.

Avec une lentille biconvexe placée sur un miroir plan, nous nous voyons deux visages renversés, parce que les rayons de la vue, après avoir traversé la lentille, se réfléchissent sur le miroir, en se retournant vers nous dans un sens inverse de l'ordre naturel. C'est la forme de la lentille qui leur fait subir cette transposition ; et s'il y a deux visages, c'est encore par cette forme convexe du verre, qui divise les rayons visuels en deux faisceaux. La réflexion s'opère alors par le miroir ; si c'était par la lentille, il n'y aurait qu'un visage, et il serait plus petit ; ainsi, comme les rayons du soleil, ceux de la vue traversent les corps transparents ; en se regardant à une glace avec des lunettes, on en obtient la certitude.

Si une lumière intense se comprime sur la prunelle, elle pénètre et remplit une partie de l'œil ; la vue ne peut alors apercevoir que la couleur de cette lumière ; et, après son action, elle la voit encore pendant quelques instants sur les divers objets que sa transparence lui permet de considérer, et qu'elle semble colorer.

Avec des lunettes vertes, l'air et la terre se montrent revêtus de cette couleur : alors la vue touche le verre, où la couleur verte a été répandue avec une grande intensité, et, la lumière du jour ajoutant à son éclat, l'œil se trouve immédiatement en présence d'une vive couleur, et c'est principalement celle-là qui se manifeste à sa vue. Le verre fait, en outre, l'office d'un prisme, et les rayons visuels peuvent aussi conséquemment nous montrer la couleur verte par représentation.

Les rayons visuels ne nous représentent jamais que les couleurs dominantes exposées à leurs regards : durant le jour, ce sont celles de la lumière, et pendant la nuit, celle de l'air qui est violette. Ils ne montrent celle-ci que dans l'obscurité, et il n'est pas besoin du prisme pour l'apercevoir. C'est la vision intéressante dont j'ai parlé au sujet de la couleur de l'air.

Il se présente un autre phénomène que j'ai déjà cité comme spécialement propre à nous prouver la réflexion de la vue; il nous apprend encore que les rayons visuels sont obligés, par leur nature, de nous montrer les objets que nous voulons voir, tant que l'interposition d'un corps opaque ne s'y oppose pas : en plaçant la lentille biconvexe sur un miroir également biconvexe, on voit d'abord son visage comme dans l'obscurité, derrière le miroir, par la réflexion de la lentille, ensuite, entre elle et nous, un autre visage qui est renversé. Cette seconde image paraît formée par les rayons qui tombent sur l'inclinaison du verre. Ces rayons, après avoir été transposés, reviennent, par les bords supérieurs de la lentille, s'arrêter devant elle, en décrivant une forme convexe parallèle à celle de la lentille. Cette image reste en l'air comme un corps de vapeur légère. Elle est parfaitement visible, et son retour sur le verre tient du prodige, parce qu'il n'y a vers ses bords aucune puissance physique qui puisse l'opérer par réflexion. Elle ne serait pas renversée, si les rayons, arrivés vers les bords, se fussent élevés en droite ligne, parce qu'alors elle se fût tournée vis-à-vis l'horizon, dans le même sens que notre visage.

Si cette image nous était présentée par réflexion de la lumière, sa clarté venant du côté de la fenêtre, et s'étendant directement dans la chambre, où je suppose cette expérience, la lumière modifierait sa réflexion suivant le côté où nous nous placerions par rapport à sa direction; mais comme cette image reste fixe vis-à-vis de nous, de quelque côté que nous nous tournions, la réflexion des rayons visuels devient incontestable. Il en résulte encore que ces rayons

ont le pouvoir de former une image en réalité,
et de se rendre visibles. Cette image est réelle;
mais il n'en est pas de même pour celles que
présente la simple réflexion d'une glace, lorsqu'il n'y a ni déviation, ni réfraction; les rayons
visuels regardent alors les objets sans intermédiaire, et nous les voyons tels qu'ils les voient.

Supérieurs à tous les artistes dans une image
réelle, leur coloris est toujours vrai; ils ont
l'avantage d'avoir sur-le-champ toutes les couleurs à leur disposition, et leurs tableaux sont
toujours d'une ressemblance comme d'une perfection achevée.

Rien de plus charmant que d'avoir devant
soi un miroir divisé à sa surface en plusieurs
cercles égaux : les rayons visuels se partagent
en même nombre de faisceaux, et chacun d'eux
représente notre visage avec la même fidélité.
S'ils nous regardaient ensemble, on n'en verrait
qu'un seul; mais, par cette division, on se trouve
tout à coup en société; on dirait l'arrivée subite
d'un groupe d'amis bien disposés à partager nos
plaisirs et nos peines; car soit que l'on rie, soit
qu'on se lamente, ils l'imitent parfaitement. Ce
phénomène prouverait cependant que les rayons
visuels sont étrangers à nos sensations, puisque
le passage de l'un à l'autre, si extraordinaire
lorsqu'il se présente dans le même instant, n'al-
tère point la vérité de la ressemblance.

Il y a des miroirs qui montrent les visages allongés, raccourcis, et de plusieurs autres façons; c'est toujours par la réflexion de la vue, parce que les rayons visuels subissent la direction que leur donne la forme des miroirs.

Il en résulterait que l'on ne voit son visage que par la réflexion des rayons de la vue. Au surplus, pourquoi serait-il surprenant qu'ils eussent la faculté de se réfléchir? Toute flamme la possède dans ses rayons; et l'essence lumineuse que nous avons dans l'œil paraît avoir été douée de quelque intelligence, puisqu'elle dirige nos pas. Cette intelligence gouverne l'œil; et si un corps opaque vient à passer rapidement devant lui, la paupière s'abaisse à l'instant, pour que les rayons ne soient point froissés. Mais, quelles que soient leur rapidité et leur élasticité, si l'on se trouvait sur le passage presque immédiat d'un boulet de canon, ils pourraient bien être brisés ou détachés de l'œil, et la vue en serait sans doute très-affaiblie. Si ces rayons sont ordinairement invisibles, c'est parce qu'ils sont transparents. Cependant, on les a vus quelquefois, témoin Marius à Minturne, dont le regard désarma son assassin, parce qu'il en vit jaillir des rayons ardents. Lorsque des yeux en parfaite santé, et d'une naissance heureuse, sont animés par la joie ou par la vivacité, ils font apercevoir des rayons couleur d'un azur limpide.

Les attributs de l'œil ne se bornent pas à nous montrer la nature ; cet organe nous fait encore voir, pour ainsi dire, les sentiments de l'esprit, qui sont quelque chose de plus invisible que les couleurs de la lumière. Par ses diverses expressions, il rend les sentiments de cette intelligence avec plus de fidélité que ne le ferait le langage le plus précis et le plus clair. On l'écoute, on le comprend sur-le-champ, et il parle toujours plus impérieusement que la parole.

Les rayons visuels ont la rapidité de la pensée ; une glace placée dans l'éloignement en donnerait la certitude, et nous ferait voir en même temps jusqu'où ils peuvent atteindre. Il serait encore assez intéressant de savoir où ils prennent leurs couleurs lorsqu'ils tracent une image en réalité ; mais nos regards ne parviendront pas aux confins de l'espace, et nos pensées ne sauraient nous dévoiler tous les mystères de notre organisation. Ces prodiges nous assurent cependant que l'œil est le siége d'une flamme brillante, que ses rayons s'élancent au dehors, qu'ils peuvent traverser les corps transparents, et, par conséquent, se réfléchir comme ceux du soleil et de toute autre lumière.

Tels paraissent être les avantages de la vue des humains, ouvrage merveilleux de l'Éternel, presque aussi incompréhensible que sa puissance.